花园 MOOK　　玫瑰月季号

VOL. 07　　赠人玫瑰，手留余香

要说到一年中最让花痴们兴奋的季节，当然还是春暖花开的五月天，而这个季节里最让人兴奋的植物又当仁不让地属于玫瑰。这次，我们的《花园MOOK·玫瑰月季号》就在春光旖旎、玫瑰盛开的季节问世了。

玫瑰，因为它千姿百态的美，如梦如幻的香，甚至令人痛彻心肺的刺，在世界各国都被赋予了无穷的诗情画意以及深邃的文化内涵。

人们喜欢各式各样关于玫瑰的话语，随意列举几位朋友的签名："赠人玫瑰，手留余香""即使明天是世界末日，也要种下今天的玫瑰""从爱上一朵玫瑰开始爱上整个世界"……

正如这些美丽的言语里传达的，关于玫瑰，栽种是美好的，分享也是美好的。在这期的《花园MOOK》里，我们将就这两个主题来学习关于玫瑰的一切。

首先我们将参观几座以玫瑰为主体的私家花园，看看美丽的玫瑰是怎么扮靓家庭里最重要的前庭花园的，又是怎么营造庭院深深之处的秘密花园的。令人难以想象，这两个完全不同的主题，通过花园主人们的巧妙设计，竟然可以用同一种植物诠释得如此精彩。

玫瑰的颜色丰富多彩，而这期的花色主题是："紫色"。想必已经有很多人迷恋于紫玫瑰的神秘和冷艳，在本文里我们就来看看最近几年时尚的紫玫瑰有些什么品种，它们又各自有些什么特征。

玫瑰好看花难栽，对于大多数业余爱好者，玫瑰的确不是一种容易伺候的植物。怎么栽种？怎么修剪？怎么防治病虫害？这些都是花友们常年津津乐道的话题。在这期的达人课堂里，我们请到成都海蒂花园的海蒂妈妈来为我们畅谈玫瑰的养护经验。拥有成都最美丽的园艺中心，海蒂妈妈养护玫瑰的功力可谓大神级别，她对花园付出的心血，也是超乎常人。每次看到海蒂妈妈家春天盛开的龙沙花墙，小编们都会激动不已。那么，今年就让我们跟着海蒂妈妈学习怎么呵护我们的玫瑰宝贝，一起打造一面真正的龙沙花墙吧！

玫瑰的美好难以抵御，这位高颜值的代言人同样也是引领很多人进入园艺世界的引路人。在这期我们特别安排了针对新手的初级讲座和关于草花耧斗菜的专题，从玫瑰开始，爱上草花，爱上球根，爱上树木，爱上杂货，开始园艺新手的生活！

最后在分享部分，我们有《花园MOOK》的资深翻译小白为我们播报2016年东京玫瑰展的盛况，有岛熏、木村卓功、河合伸志……各位玫瑰大神云集，带我们进入一个充满甜美花香和动人藤蔓的世界。

同样，每年绿手指花园研修之旅也还会继续开启东京玫瑰展的旅程，也会进行同样的播报。热爱玫瑰的你，无论是在现实中还是在书里，一起来加入我们的玫瑰之旅吧！

《花园MOOK》编辑部

图书在版编目（CIP）数据

花园MOOK·玫瑰月季号 / 日本FG武蔵编著；药草
花园译. —— 武汉：湖北科学技术出版社，2017.1
（2018.3重印）
　　ISBN 978-7-5352-9230-8

Ⅰ. ①花… Ⅱ. ①日… ②药… Ⅲ. ①观赏园艺—
日本—丛刊 Ⅳ. ①S68-55

中国版本图书馆CIP数据核字（2016）第279825号

"Garden And Garden" —vol.19、vol.27
@FG MUSASHI Co.,Ltd. 2006,2008
All rights reserved.
Originally published in Japan in 2012,2011 by FG
MUSASHI Co.,Ltd.
Chinese (in simplified characters only) translation
rights arranged with
FG MUSASHI Co.,Ltd. through Toppan Printing Co.,
Ltd.

主办：湖北长江出版传媒集团有限公司
出版发行：湖北科学技术出版社有限公司
出版人：何龙
编著：FG武蔵
特约主编：药草花园
执行主编：唐洁
翻译组成员：陶旭　白舞青逸　末季泡泡
　　　　　　MissZ　64m　糯米　药草花园　久方
本期责任编辑：唐洁

渠道专员：王英
发行热线：027 87679468
广告热线：027 87679448
网址：http://www.hbstp.com.cn
订购网址：http://hbstp.taobao.com

封面设计：胡博
2017年3月第1版
2018年3月第2次印刷
排版：梧桐葳创意传播有限公司
印刷：武汉市金港彩印有限公司
定价：48.00元

玫瑰！Rose!

Rose!!　玫瑰!!

玫瑰!!!

Rose!!!

全世界热恋的
玫瑰季节来到了！

大家期待已久的玫瑰专辑终于来了！

说起玫瑰花园，最得花友们心仪的不外乎两种：清幽隐秘的秘密花园和光彩照人的前庭花园。

我们将在Part1介绍私密花园，Part2介绍前庭花园。

虽然硬件条件有这样那样的不足，但园主们通过自己的精心打理，都打造出了独一无二的美园。快让我们一起来学习吧！

Part 1　这些园子最醉人的是被玫瑰包围的私密花园

Part 2　按照不同的花园类型彻底解读以玫瑰为主题的绚丽前庭花园

Part 1

这些园子最醉人的是

被玫瑰包围的私密花园

在玫瑰包围的空间里享受一段从容的时光——下文将介绍5座营造出优雅氛围的花园，并展示各种迷人的花园设计。

爬满藤本月季的藤架下摆放着桌椅，在挚爱的玫瑰和香气萦绕中享受悠闲时光。

1

东京都　种田蓉子

缤纷绚烂的花朵竞相开放的花园
仿佛在儿时梦里徜徉的仙境

①小鸟屋是朋友赠送的礼物，虽然已经开始有些风化了，却营造出不经意的美。

②墙上开满藤本月季'龙沙宝石'，仿佛要满溢出来。在两侧玫瑰与可爱草花的簇拥中走过小路，倍觉舒畅。

③穿过小路，眼前豁然开朗，浪漫的玫瑰花园跃然眼前。成片的玫瑰是这里的压轴之作。

　　5年前女主人参加了附近园艺店关于玫瑰的讲座，从那时候起她开始用心种植玫瑰。

　　女主人说："我非常喜欢藤本月季'冰山'的温婉气质，感觉自己的心完全被它俘虏了！"她喜欢用藤本月季把房子包围起来的效果，所以请举办讲座的园艺店帮忙种植和牵引。

感受自然的花园

　　女主人喜欢野花摇曳的自然栽培效果，所以会选择细腻又不失野趣的品种，这些草花都是自己用种子育苗的。至于配色方面，"以在绿叶映衬下的白色和浅粉色玫瑰为主旋律，再加入一些蓝色或紫色的可爱草花"，设计时还特别注意让院子看起来更宽敞。

　　"培育花苗的过程是最有意思的，对于我来说是非常宝贵的时光"，就像女主人说的那样，无论是把育好的花苗定植在院子里，还是剪残花等，都是日常打理中必不可少的环节。

　　"这个花园是最能让我放松的地方，所以我一定要让这里的植物都保持生机勃勃。"

　　今天，她又在陶艺工作的余暇之时看着花园，享受独一无二的美好时光。

"玫瑰与亲手育苗的草花
组成浑然一体的自然空间"

①这里是可以边品茶边欣赏缤纷玫瑰的特等席位。藤架上舒展枝叶的藤本月季在骄阳似火的季节里刚好可以有效地遮阴，带来一片清凉。

②在二层露台的白色扶手上牵引白色的藤本月季'白花巴比埃'。女主人的设计思路是，在高处尽量使用不会带来压抑感的轻松颜色。

③让人眼前一亮的艳色玫瑰'莉莉玛莲'。在抢眼的花色周围搭配充满野趣的草花或香草，营造出和谐的色彩效果。

①单瓣月季'淡雪'把深色三色堇衬托得更美。藤本月季'冰山'与沼泽勿忘我等小巧的低矮草花搭配起来非常和谐。

②大红色的中国古老月季'赤胆红心'下面搭配纯白色的香雪球,打造出红白对比的华美一幕。

亮点 let`s see it!

玩转可爱的低矮花草搭配

几乎每年都会亲自从种子开始育苗。

对于玫瑰与低矮草花,会采取深色+浅色、大花+小花、重瓣+单瓣等,按照颜色或大小打造出有对比效果的组合,以相互衬托,彰显美感。

Favorite Roses

限定花色后,为了不发生雷同,再选择单瓣或重瓣、杯形花形或莲座状花形等,通过变换各种花形和花朵大小来营造出节奏感。

'洛布瑞特'（Raubritter）

德国科德斯(Kordes)公司育出的藤本月季。亮粉色,圆滚滚的杯形花形非常惹人喜爱。在纤细的枝条上开出的美花仿佛含着的少女般可人。

'淡雪'

日本育出的灌丛月季。单瓣平开的花形带有原种的风情,其清丽纯净的纯白花非常适合打造和风角落。

'遗产'

英国月季。柔粉色深杯形花非常美丽。其雍容柔美的气质让人为之着迷。

限定玫瑰的花色
以营造出和谐统一感

"玫瑰的花色以白色和浅粉色为主旋律，适当点缀深粉色及红色。为了避免打乱节奏而没有再混植黄色和橙色的玫瑰"。

把主旋律整合为同色系会使花园显得更加宽敞。

藤架上的玫瑰自上而下从白色变化到粉色，并最终过渡到紫红色的'红衣主教黎塞留'。

使用生长旺盛的藤本月季遮挡住"不想给人家看到的"外墙，选用多个品种交叉种植的形式避免了花色和花形过于单调。

房子

藤架

Garden Data

面积● 160㎡

今后的计划●想与铁线莲结合起来

使用的肥料等●园艺店推荐的牛粪和品牌肥料

2

让人不禁想起英国田园
风情的草甸花园
旷野玫瑰般的风情让人
心旷神怡

神奈川县　妻鹿

在高挑的浅紫色毛
地黄身后可以隐约看到
玫瑰的身影，眼前的景
色浑然天成。在低矮近
身处搭配栽种白蕾丝花
等小花。

薰衣草及紫红色的地黄、宿根龙面花等颇具野趣的花草汇集一堂。在墙色的衬托下，让粉色和紫色更显娇嫩。

用植物打造高低错落的动感，可以增添花园的景深。而各种丰富的绿色可以将玫瑰衬托得更加抢眼。

浅色的毛地黄及钓钟柳搭配枝条蓬松的白色玫瑰，打造出柔美的一角。

这里是让人联想到画家塔莎奶奶的花园的悠然空间。在这个充满原野风情的花园里，玫瑰在草花的簇拥下华丽绽放，与周围浑然融合。

女主人说："因为这里并不大，所以没有使用过于抢眼的纯红色或纯黄色，而是汇集了一些浅色的花卉。"另外，从种子或小苗开始培育长大的植物，女主人也是根据日照时间及栽种场所的变化而悉心照顾它们，力求调动出它们最好的状态。这也正是这里各种植物相得益彰、友好共存的秘诀。

玫瑰营造自然衬托

这里的花园被放射状铺设的小路分成5个区域，每个区域都做了颜色调和。其中最引人注目的是拱门前的区域。这里栽种了毛地黄及钓钟柳等高挑的植物，并在周围搭配栽种老鹤草、红缬草等较矮的小花，通过起伏搭配而打造出丰富绝妙的空间感。

奔放而不失稳重的氛围，正是女主人对每朵花倾注爱心的最完美体现，而这里60多个品种的玫瑰更是为花园增添了一份华美感。

①毛地黄及剪秋萝的周围种上雏菊。在白色及花色系小花的背后牵引同色系玫瑰，为这里的色彩奏响主旋律。

②在可爱小花的深处，爬满'抓破美人脸'与深紫色的'紫燕飞舞'的篱色营造出高雅的氛围。

亮点 let`s see it!

根据区域选择玫瑰色调

在门的周围选用白色或黄色的玫瑰，花园的深处选用深浅粉色的玫瑰。

非常抢眼的玫瑰需要注意挑选色彩和谐的品种。

要注意让玫瑰与周围的草花配合起来，打造出出色的空间感。

Favorite Roses

女主人更偏好没有刺的杂交麝香玫瑰品系。她在主屋的东侧建起了玫瑰花园，栽种了很多品种。

'抓破美人脸'

这是少见的红白相间的杯形花形品种，芳香宜人。虽然单花花期较短，很快就凋谢了，但依然具有其他品种无可比拟的价值。

'泡芙美人'

莲座状花形，春季开花偏黄色，而到秋季开花则会偏红色。四季开花品种的特点是枝条柔韧，易于牵引且植株强健。这个品种

花园深处玫瑰专区里的'维多利亚女王'，与蓝色的墙面相映成趣。

'亚伯拉罕·达比'与三色堇吊篮，浅紫色调在墙面的衬托下愈显鲜艳。

亮点 let`s see it!

水蓝色的外墙成为衬托花园的画布

为了使个性张扬的外墙与周围的景色融为一体，可以巧妙地牵引玫瑰来遮挡部分墙壁。

从拱门下面及枝条间隙中可以窥见的水蓝色雅致墙壁，仿佛是绘画的背景，将花儿们衬托得更加抢眼。

Garden Data

面积 ● 约50㎡

今后的计划 ● 在形态和颜色上用心，增加整体的和谐统一感

3

气宇不凡的氛围下
园丁丰富的感性扑面而来
芳醇满溢的超然玫瑰园

攀爬在玄关拱门上的'栀子玫瑰'。考虑到会攀爬到拱门上比较高的地方而不易打理，故这里选择了单季开花的玫瑰品种。

女主人的玫瑰花园已经迎来第7个年头。起初是看到附近人家的玫瑰开得实在惹人喜爱，于是开始打造自家的玫瑰花园。

理想是"打造气质脱俗的玫瑰花园"

花园里开放的都是高雅气质的玫瑰品种。以白色和奶白色为基调，再用紫红色的花色引领空间感。

"我不希望花园里只有玫瑰"，正像女主人介绍的那样，院子里除了玫瑰外还搭配了很多其他植物。为了衬托玫瑰而栽种蓝色的花，为了配合蓝色花园的风格而选择银色叶片的树木等，并在拱门上用浅粉色的玫瑰搭配其他玫瑰一起攀爬。在色调把控上下足了工夫。

Favorite Roses

从花色到香味、单花时间、线条强健程度等各方面，严选了约60种玫瑰。主人说冬季为了避免大雪的伤害，会在直立型品种的植株周围用木棍支撑并缠上麻绳等。

「抓破美人脸」

花瓣上有白色和深粉色条纹，颇具人气的品种。开出许多簇生花朵，其优美的花姿可以把拱门装点得非常迷人。

按照"配合玫瑰效果"的思路而亲自铺设的砖地平台，可以邀请朋友们在这里边赏玫瑰边度过美好的下午茶时光。

在玫瑰的下方栽种偏蓝色的楼斗菜，低矮草花也充分考虑与玫瑰的色彩搭配，起到相得益彰的出色效果。

亮点 let`s see it!

避免幼稚的配色

以白色为基础色，用紫色、紫红色、蓝色等遮去青涩感，并点缀搭配中间色。

将整体风格掌握在不过于浪漫的绝妙状态。

搭配深绿色的常春藤、芍药、含羞草及银色叶片的树木等，为花园整体带来高雅的感觉。

砖铺小路和贴瓷砖也都是自己完成的。用心设置的玫瑰舞台为花园的自然之美平添了魅力。

现在摆放有桌椅的平台是在栽种玫瑰的同时期开始铺设的。从选砖到设计，直至铺设都是亲自完成的。这里是利用上班前的时间，每天从早上5点起工作1小时、总共历时3个月完成的力作。按照坐在这里赏花的角度，在庭院里各区域设置了高低错落的拱门，5个拱门上分别攀爬不同品种的玫瑰，打造出了变化丰富的景致。

Garden Data

面积●约60㎡

今后的计划●想整理一下拱门上爬满的玫瑰枝条

使用的肥料等●可用于底肥和追肥的"MAGAMP"及自己用赤玉土、腐叶土、牛粪调配

平台上放置了铁艺桌椅，并将各种花园资材和册格等都统一成黑色铁艺效果，不仅可以起到衬托花朵的作用，更能打造出低调雅致的氛围。

设置在花园一隅的休息角前开放的'格拉汉姆·托马斯''玛丽·罗斯''新雪'等争芳斗艳，让人仿佛置身芬芳萦绕的梦幻空间。

4

阳光下花瓣熠熠生辉
酝酿出南欧风情的玫瑰花园

爱知县 颏颏理惠

以亮黄色的房子为背景，将玫瑰映衬得更加迷人。这座花园里将让人眼前一亮的艳色玫瑰搭配起来，让人不禁想起热情的西班牙，仿佛置身使人心潮澎湃的激情空间。女主人最初是受到喜爱玫瑰的朋友的影响，不知不觉中渐渐被这些华丽的花朵迷住。在6年前建造自家房子后，就开始了以玫瑰为主旋律的造园之旅。

重要的是要与南欧风情的房子和谐搭配

造园的时候最注意的是与房子的协调。由于房子比较鲜艳，所以不能选过多颜色的玫瑰，而是以与房子外墙和谐的黄色为主色调。在此基础上再搭配一些红色系品种。虽然黄色系与红色系是很难搭配在一起的色调，但设计大气的房子刚好为这种组合起到了自然缓冲的作用。将颜色鲜明的红色品种安排在拱门和藤架等显眼的地方，打造出更强烈的视觉冲击感。

另外，通过将不同株高的玫瑰品种组合在一起而营造出高低错落的效果，为花园增添了更多的丰富变化。花园设计由女主人来做，而力气活交给男主人，夫妇二人一起一点点打造出自己的花园。他们也是经常参考杂志等资料，通过不断试错才终于做出了现在的效果。主人说："自己亲手打造的花园更显亲切啊！"现在夫妇二人正与爱犬一起在花园里享受美好时光呢！

格外显眼的正红色的玫瑰。花瓣上带有天鹅绒般的光泽，剑瓣高心的花朵在本色外墙的映衬下尤显华贵。

在花园入口的拱门上攀爬着正红色的玫瑰'瓦尔特大叔'。打造出一派异国情调的景象。

黄色是花园的主题色。'格拉汉姆·托马斯''真金''欢笑格鲁吉亚'等黄色藤本月季争芳斗艳。

「格拉汉姆·托马斯」

这是英国月季中的名花。其柔美高雅的黄色花瓣颇具魅力。在整个适花季节反复开花，花期非常长。

1

亮点 let`s see it!

用配色打造出异国情调

以艳黄色的'真金'为中心，搭配浅粉色的'雅子'及'灰钻'。整体看去黄色和粉色花非常协调，成功地演绎出热情的南欧风情。

被红色玫瑰和黄色玫瑰包围的花园。让玫瑰攀爬在拱门和墙壁上，营造出整体景观的深远感。

2

1. 由藤本月季'冰山'及'新雪'打造成的隧道小路，玫瑰花瓣纷飞飘落，走过这里仿佛到了童话王国。

2. 中花藤本月季品种'安吉拉'在藤架上舒枝展叶，藤架下方摆放桌椅，这里正是夫妇二人的小憩之处。

Garden Data

面积 ● 约250㎡

今后的计划 ● 希望再栽种些适合与玫瑰搭配的草花

使用的肥料等 ● 玫瑰专用肥等

除了配色，还利用凉亭、拱门等资材搭配高低不同的玫瑰品种，打造出精彩的立体空间。

5

在各个美好的小憩之所
尽赏复古风情玫瑰的优雅身姿

东京都 久保真佐子

女主人迷上玫瑰是源于偶遇一本关于古典玫瑰的书。她被书中介绍的各种美花的细腻表情迷住，决心打造一座开满玫瑰的和风花园。她将自己的想法告诉园艺公司，委托他们按照自己的想法设计并代为施工种植。起初对于玫瑰的知识几乎为零，现在经过了7年时间，已经可以自己选择品种和栽种，亲手实现梦想中的被玫瑰围绕的美好生活。

成熟浪漫的花园

有过时装设计经验的女主人说：花园设计和服装搭配是相通的。在栽种的时候可以想象玫瑰开放时的情景，画出图纸后再着手实施。她的风格是以白色和较浅的粉色为中心，再用红色或紫色等成熟色作为点睛之笔。在配色的时候注意层次变化，不要将红色与黄色、粉色与黄色并行安排。

女主人说："虽然日常打理起来很辛苦，但开花的时候家人和朋友，甚至过路的陌生人都可以因此身心愉悦，就觉得辛苦打理玫瑰花园还是很有意义的。"很快，花朵齐放的最幸福的季节就要来到了。

用花园里盛开的玫瑰来装饰桌台，边欣赏美花边享受悠闲的品茶时光。

被最喜欢的玫瑰与铁线莲包围的森林般的舒心空间。
在藤架上舒枝展叶的藤本月季有效遮住毒辣的日光，带
来一片清凉。

为了衬托玫瑰之美而将资材的颜色统一为蓝色

把栅格及藤架等木制的资材都喷成蓝灰色。这种颜色不张扬，与各种花色搭配都比较和谐，可以把玫瑰衬托得更美。

每处玫瑰的色调都有所不同，也是花园的特色之处。

在藤本月季的映衬下，攀爬在蓝灰色栅格上的粉色玫瑰显得更为娇嫩可人，这里还摆放了可以小憩观花的长椅。

较高的藤架的颜色看起来与天空合为一体，上面装点着各色玫瑰和绿色枝叶，形成了如神秘小屋般的空间。

艳红色的藤本月季'国王'与雅致的蓝色藤架搭配起来非常和谐，带来成熟之美。

在西墙上牵引最喜欢攀爬的「龙沙宝石」基本不需要怎么打理，每年都开得非常好。

玫瑰细腻的花姿
酝酿出温婉之美

使用同类型的玫瑰调整到同一高度，打造出簇拥着砖铺小路的花境，各色花朵在这里缤纷争艳。

摆放铁艺桌椅作为客厅的延伸，为了配合玫瑰的氛围而选择了稍稍华美的款式。

Favorite Roses

女主人喜欢古典玫瑰等给人婀娜美感的品种。主要收集水粉色调且香味可人的品种，据说最爱的就是大马士革系的香味。

苔藓玫瑰

多重花瓣开出优雅的花容，浓重的大马士革香味颇具魅力。在花茎和花萼上可见类似苔藓的样态，是苔藓玫瑰的一种。

'珍珠漂流'

花苞时为粉色，开花后则呈珍珠色，株型类似半藤本现代月季，也可以当作地被植物种植。

'宝库'

杏粉色的小花成簇开放，芳香浓郁，藤本，推荐应用于拱门或藤架。

①开出抢眼的浓艳紫色花的铁线莲'超级杰克'，在拱门或格栅上与藤本月季是经典搭配。

②蓝紫色牵牛花样的可爱小花是蓝旋花，匍匐型，适于作吊篮或花坛镶边。

小路上随处可见搭好的拱门，过上几年藤本月季们都会在上面伸展枝条，到那时候走在小路上一定会有穿过繁花隧道的幸福感。

亮点  let`s see it!

主要选择蓝色的草花来搭配

在汇集了浅淡和甜美色系玫瑰的浪漫空间里，搭配蓝色系草花。

清凉的花色使玫瑰更显娇嫩华美。

花园里最先栽下的是这株藤本月季'芭蕾舞女'，每年都会在门口盛开，甚至会引来路人驻足欣赏。

Garden Data

面积●约230㎡

今后的计划●希望栽种不太需要打理的强健玫瑰品种

使用的肥料等●除园艺店的牛粪和腐叶土外也会使用"魔肥"

停车场

拱门 走廊

房子

花架

院子

拱门

露台

以玫瑰为主题的绚丽前庭花园

这里将介绍根据环境条件展现花园个性的4位花园主人的前庭花园，会给大家提供很多可以借鉴的相关技巧。

梶浦家让玫瑰和葡萄在整面墙上攀爬，微风吹过，绿叶轻摇，叶影映在墙上别有风情。甚至连猫猫"米克"都非常中意这里的窗边。

Type

与建筑物优雅呼应的
外饰花园

1

东京都 梶浦道成

每日与风中摇曳的玫瑰相伴，演绎各种美好的「墙壁花园」

「洛可可」「新雪」「雪雁」等藤本月季覆盖在陶土色的外墙上，枝叶随风摇曳，甚是醉人。值得注意的是牵引时要把枝条相互绑结在一起。

在杏色房子的外墙上，玫瑰开满一整面墙，这是主人引以为傲的风景。"我们能地栽的空间只有 3㎡ 左右的一小块，从那里种出玫瑰爬在墙上，所以我家是墙壁花园。"这里搭配调和了从小花到大花的各种藤本月季。

为了种植植物而选择了陶土色

在欧洲旅行时看到用植物装饰墙面的景色非常迷人，当时就梦想着有朝一日也能住进这么美的房子里。主人亲自参与了自己房子的设计，外墙涂料选择了与各种植物都可以很好搭配的陶土色硅藻土。植物选择则以白色和浅色为主色调来搭配。种植上借鉴有机农业的方法，在栽培土里面加入了米糠等物质，来增加土壤中的有机物，使玫瑰茁壮成长，爬满墙面。在根部附近搭配的植物也很茂盛，成功地打造出了被植物包围的美丽家居。

不仅主人对这座墙壁花园很中意，连各种鸟虫也经常到访。主人说："这里的花园虽然不大，但能融入自然，成为自然的一部分，我感到非常欣慰。而且邻里之间也因花园而增进了交流，打理的时候也就有了交流的话题。"

主人的生活也因为这座墙壁花园而充满了生机。

27

1. 长势旺盛的葡萄'皮考尼'枝条舒展，几乎要遮住窗口。葡萄与藤本月季的搭配让人想起迷人的南法风情。
2. 藤本月季'新雪'搭配铁线莲'雪越'，铁线莲无论在哪里都能很好地开花，是主人非常喜欢的植物。

Check 1 ▶ 搭配其他藤蔓植物

"只有玫瑰的话略显单调"，所以主人选择让它们和葡萄、铁线莲攀爬在一起。

覆盖整面墙的玫瑰有着各种花形和叶片，演绎出盎然生机。

亮点 let`s see it!

带来清爽效果的玫瑰与其他植物的搭配

陶土色外墙上爬满了玫瑰，给人以清爽优雅的感觉。除了精心选择合适的玫瑰品种外，搭配其他植物也是赋予墙面节奏感的秘诀。

Check 2 ▶ 在脚下搭配纤细的植物

株下的草花选择白色或银色系，使玫瑰与墙壁更好地融合。

一些自播的植物自然散布，打造出不经意的美。

选择大花的'洛可可'和'新雪'、中花的'索伯依'、小花的'雪雁'，除花朵外还注意在叶形的选择上有所变化，带来更丰富的风情。

Check 3 ▶ 将玫瑰的花色限定为同一色系

所用的玫瑰都统一为白色或浅杏色系。

这样比起色彩缤纷的搭配来，可以显得空间广阔，在有限的面积里营造出豁然开朗之感。

色调统一，但花形、花朵大小上富于丰富的变化。

My Favorite

屋子一层的室内场景。玫瑰枝叶起到遮阳的作用，带来清凉感。夏日窗前的树荫叶影变化也非常迷人。

牵引在整面外墙上的藤本月季在夏日里可以起到遮阴的作用，到了冬季就会落叶，不会遮挡阳光，正好实现了冬暖夏凉的环保作用。

挂在窗格上的挂盆为高温烧制的，非常结实。玫瑰与多肉植物搭配起来，颇具南法风情。

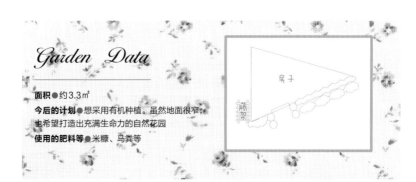

Garden Data

面积●约3.3㎡

今后的计划●想采用有机种植。虽然地面很窄，也希望打造出充满生命力的自然花园

使用的肥料等●米糠、马粪等

房子

2

东京都 Y家

在可以让路人心旷神怡的季节里，
用不断开花的玫瑰描绘出令人难忘的美景

My Favorite

这里是可以与路人分享玫瑰的芳香与色彩的开放型前庭花园。以前没有地栽的空间时，主人喜欢盆栽一些当季草花，多年前去参观"东京国际玫瑰与园艺展"时一下子被玫瑰迷住了，为了让自己年年增多的盆栽玫瑰充分展现优美身姿，于是委托设计公司"OAKENBUCKET"帮忙建造花园。

用玫瑰做分割

在长椅上方交叉的爬着玫瑰的拱门，将玄关装点得非常浪漫。深浅粉色的花交相辉映，营造出优雅的氛围。地面浇了混凝土，在长椅两侧放置大花盆，固定了拱门。在开放型前庭花园里，这样的设置仿佛是引人穿过这里走向房门。花园的配色也独具匠心，在拱门近处使用了浅色玫瑰，而深处的建筑物附近的地方则选用了深色的玫瑰。这样的搭配方式为花园制造了浓淡阴影，从而打造出深远的效果。

"我打理花的时候，遛狗路过的人也会过来聊天，真是很高兴。"玫瑰会让人变得亲切温和起来。主人的生活也因为这座开放型前庭花园而充满了生机。

Check 1 ▶ 点缀深色的花营造出节奏感

如果随处使用深色花，容易造成散乱、嘈杂的感觉。所以要将花园里整体的色调统一起来，由近及远营造出变化，才能造就有节奏感的雅致空间。

在玄关旁的唐棣和小叶白蜡带来清灵之美，白色的雕塑也带来不少灵气。

①在混凝土墙的前面设置黑色铁艺栅格，牵引上深色的藤本月季。选择单瓣的'鸡尾酒'或小花的'蓝蔓'等，花朵大小的搭配也很到位。

②从与邻家分割的墙到房子后门之间的拱门上舒展着藤本月季'安吉拉'，在砖色的映衬下，深粉色的花朵显得更为鲜艳，也显得白色栅栏更加优雅别致。

Check 2 ▶ 用花园资材和花盆谱写出旋律感

用立体的拱门为平面的花园制造立体感。放置在重要节点处，打造视觉焦点或是作为分隔空间的绿屏都不错。有效利用拱门几乎是栽植设计的成功法宝。

缠绕在拱门上的是'梦幻薰衣草'，与其交叉的是另一个品种'龙沙宝石'。白色箭头指示牌增添了些许温馨感。

将小小的空间装点得生机勃勃。

铁艺拱门与拱形玄关门相互呼应，与长椅连成一片的拱门效果出类拔萃。

要点
let`s see it!

用玫瑰为骨架巧妙分割花园

在开放型花园里基本没有遮挡视线的景物，玫瑰成为空间里骨架式的存在。通过植株造型起到自然分割空间的作用，再用花色浓淡来描绘出背景效果，最后用拱门和盆花打造出视觉亮点。这种开放式的设计，充分展示出植物的特点，极具魅力。

Garden Data

面积 ● 约42 m²

今后的计划 ● 把新买的玫瑰很好地搭配栽植在花园里

31

被玫瑰包围的花园很是抢眼，仿佛从楼上倾注
而下的大片花朵让偶然路过的人都不禁驻足仰视。

Type

展现玫瑰最美身姿的

外围花园

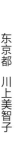

3

从一株玫瑰开始的故事，一起来享用季节推移呈现出的各种美好吧

东京都 川上美智子

妈妈曾经说"种这个招虫子"，所以一直没有下决心种。但对玫瑰的喜爱还是无法割舍，几年前终于下决心买了一株'夏雪'种下，当开花季节来到时，有如雪花飞舞的绝美景致让妈妈感动不已，于是就此一发不可收拾，玫瑰成了母女俩共同的喜好。

实际上，家里并没有太多可利用的栽种空间，只有用于种植围墙绿植的很窄的土地。主人只好向园艺店寻求帮助，把针叶树绿植挖走，并根据种植空间设计了花架。由于空间有限，架子设计成顶部为花架、下方为栅格的形式。在选择玫瑰品种方面则考虑错开花期等因素，以利于长时间有花可赏。这样，就连原本显得刻板的灰色外墙也被玫瑰赋予了特有的温婉之美。

主人经常喜欢翻阅与玫瑰相关的资料，这次通过大胆使用藤架，终于实现了梦想中的"被玫瑰包围的美好生活"。而妈妈也非常喜欢这样的景致，甚至每天都特意出来赏好几次花。

在花架下的栅格上使用'加百列·努瓦耶勒'等，打造出充实的纵向线条。

用窄幅的花架围绕建筑物的外圈，为房子的正面增添了不少情趣。在这里牵引的是枝条柔软的'夏雪'等品种。

Check 1 ▶ 大胆设置花架

即使没有太多地方，只要根据空间来设计合适的花架，也可以打造出非常出色的景观，种好玫瑰也完全可能。将枝条柔软的藤本月季品种牵引成垂枝效果，则可以打造出屏风般的效果来。

在西侧入口前设置的藤架上开满了黄色的木香，在玫瑰开放之前的四月天里它们就已经开始展露芳容了。

黄色的木香谢幕后，栽在一旁的英国月季'格拉汉姆·托马斯'又开始华丽丽地反复开花，这里是从春季到秋季都可以赏到花的黄花专区。

藤架上伸展着'冰山'，栅格上开着'阿利斯特·斯特拉·格雷'，大小白花搭配，仿佛流动的花之河流。

 要点

let`s see it!

灵活运用空间可以延长玫瑰的赏花时间

虽然是在建筑物外围的有限种植空间，但通过选择合适的花园资材依然可以享受玫瑰的美好。在稍有空间的地方用藤架种植大株形的藤本月季，在较局促的地方用细窄的藤架或拱门等栽种花形华美的藤本或是半藤本，灵活运用空间，展现最好的效果。

Check 2 ▶ 混植开花期不同的玫瑰品种

藤本月季虽然开花量很大，但遗憾的是大部分都是单季开花的。为了能尽量延长赏花时间，可将早花类型和晚花类型组合起来，让整个春季都能美美地赏花。另外一些四季开花的半藤本品种虽然枝条伸展能力不及藤本月季，但适合用来搭配种植。

北侧阳台选用了比较耐阴的
'白花巴比埃'，前方是'龙沙宝石'。

在无法固定拱门的瓷砖地面上放置两个大花盆并插
上拱门。在这里种上了华丽的'龙沙宝石'。

在拐角地里栽种的标志树——四照
花，搭配攀爬在栅格上的藤本月季'纳
索公主'，打造出了清爽的白色区域。

在房前的栅格上开放的是藤本月季'夏雪'，
花期从春季一直延续到秋季，也是主人的挚爱。

Garden Data

面积●约45㎡

今后的计划●想在3层露台也栽
上玫瑰

房子

停车场

树木、草花多彩共生的自然花园。在拱门和藤架上攀爬藤本月季和铁线莲，演绎出缤纷的立体感。

攀爬在花架上的小花藤本月季'丰盛'和加拿大唐棣随风飘动，给空间带来动感。

4
被绚烂多彩的花儿引领着进入闲庭信步的幸福时光

进门的小路上各种花朵竞相开放，勃勃的生机从院外看也非常醉人。为了边品茶边赏花，在藤架下设置了长椅和桌子。拱门有效遮挡了路人的视线，营造出可以充分放松的闲适空间。

喜欢自然的氛围

主人说："我从小生活的家里是和式庭院，结婚后住的地方也有欧式的规整花坛，我的梦想是把花花草草栽种出野外风中摇曳的感觉来。"起初，主人栽种玫瑰是想给一起住的婆婆欣赏，种了一棵以后发现真的很美，就希望可以打造出更加花团锦簇的生活。通过委托园艺店帮忙施工和种植、每年一点点增加玫瑰品种、学习与草花搭配，主人逐渐完成了这座玫瑰与草花浑然一体的自然花园。

"飞散的成熟种子有可能在第二年或是第三年发芽开花，所以每年都可以期待开出不一样的花来"。用种子开始培育草花，用心参与着大自然的游戏，正像主人的秉性一样，花园里的每天都温柔美好。

Type

让人安逸的入口花园

从玄关向大门方向看去，头上有枝条舒展的藤本月季，脚下的小路又被草花包围，在这样的美景和芳香之中，让人不禁驻足细品。

在拱门上攀爬的玫瑰的柔美身姿可以很好地遮挡外来的视线，将拱门错开设置的话可以打造出绿色屏障的效果。

为了与路人共享美景，所以把面向道路的墙的外壁也用植物装点起来。并在树木和拱门上牵引藤本月季，演绎出立体效果。

Check 1 ▶ 影影绰绰遮挡视线的花廊

将兼作遮挡视线功效的三连拱门稍错开设置，描绘出优美的曲线效果。
隐约遮挡起摆放桌椅的深处空间，营造出轻松私密的氛围。

要点 let`s see it!

以拱门、草花的方式打造悠闲空间

这座花园有效利用了窄窄的小路，而将生活的乐趣拓宽开来。不受路人影响而悠闲欣赏玫瑰的秘诀在于巧妙利用花园资材和草花。

My Favorite

在藤架下面摆放长椅和桌子，用立体栽植和一些设置来遮挡外来的视线，这样就可以享用悠闲的私家品茶时光了。

Check 2 ▶ 酝酿出清雅效果的小花

主人说："特别喜欢原野上百花盛开的感觉。"
所以主要选择了颜色、形状比较细腻的品种来栽种，让整个花园更耐看。
而花园的整体氛围也显得优雅自然。

1. 玫瑰与各色草花争奇斗艳，选择的都不是很抢眼的品种，将它们和谐搭配起来，展现各自独有的风情。
2. 在薄荷、鼠尾草等茂密的香草中夹杂可爱的草花，深紫色和白色的耧斗菜显得格外沉静。

Garden Data

面积●约80㎡
今后的计划●想替换一些多年生的花
使用的肥料等●除园艺店的牛粪和腐叶土外，也用品牌花肥

请教"玫瑰贵公子"大野耕生
主花园 & 前庭花园 的玫瑰

本次我们将向"玫瑰贵公子",也是玫瑰培育家的大野耕生请教春季打造玫瑰花园最推荐的玫瑰品种,务必在您的花园中尝试一把吧!

M
ain
主导主花园之美的 8 种玫瑰
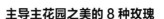

'美里'（Chant rose misato）
（法 Delbard 2004年 反复开花）

柔美的杯形粉色花易于搭配,为各式花园带来华丽感。可以蓬松地直立种植,也可以牵引在栅格上等处,是非常易于造型的好品种。芳香宜人,给人仿佛拿着一束香草在手里的幸福感。

'仁慈的赫敏'（Gentle Hermione）
（英 David Austin 2005年 四季开花）

可以引领周围氛围的高手

胭脂粉色的可爱花朵很容易与其他花搭配起来,可以作为灌木月季使用,也可以配合栅格或拱门营造出很好的效果。其甜香的味道可以提升花园的档次。

'娜希玛'（Nahema）
（法 Delbard 1998年 四季开花）

百搭的全能玫瑰

这是无与伦比的全能玫瑰,可以剪短也可以让枝条伸展,或是缠绕枝条都可以,是色形兼备的好品种。颜色非常百搭,并且散发清爽的水果香味,最好能种在特别的地方。

'索伯依'
（法 M.Robert 1850年 反复开花）

缠在凉亭或藤架上非常可人

令人意外的是这款名花不是太知名。非常古典的花形,反复开花,奶白色的花为花园带来洁净感。植株可以长得很大,所以推荐种在凉亭、藤架或墙面。要注意由于刺稍多,有时会扎伤人。

'风中玫瑰'
（Rose des 4 vents）
（法 Delbard 2006年 四季开花）

为花园打造视觉焦点

花朵又大又多,花色从胭脂红色逐渐变成深紫色,提升花园的整体效果。直立株型,节省空间,即使是盆栽也可以有很好的表现。其浓郁的甜香气味也非常迷人。

'小王子'（Le Petit Prince）
（法 Delbard 2006年 四季开花）

在特等席聆听最美物语

能得到星球'小王子'命名的玫瑰,是柔美的紫色花。紫色系常见的甜香气息更是增加了其存在感。可以栽在花盆里,随时移动到自己喜欢的地方来慢慢欣赏!

'蜜桃冰沙'（Sorbet peche-abricot）
（法 Delbard 2002年 四季开花）

颇具个性又易搭配的玫瑰

虽然是条纹花瓣的玫瑰,但栽在花园里丝毫不显突兀,是协调性非常好的中花品种。反复开花,盆栽效果也很好。迷人的水果花色,摆在阳台上也是不错的选择呢!

'菲利斯·彼得'（Phyllis Bide）
（英 S.Bide 1923年 反复开花）

反复开花的可爱蔓玫

虽然是蔓生玫瑰,但可以反复开花,颇具魅力。这是橙色系中的水果色品种,可以为花园带来明快可爱的感觉。如果配合凉亭或藤架使用,花朵成簇开放,与大花玫瑰演绎出完全不同的风情。

提升前庭花园印象的 8 种玫瑰

'桑特奈尔卢尔德'（Centenaire de Lourdes）
（法 Delbard 1958年 四季开花）

打造"开满玫瑰"的梦幻前庭

　　枝条上开满花朵的大花灌木月季。这个品种花量很大，如果位置合适会有很出色的表现。建议种在栅格或墙面处。

'白色瀑布'（Blanche Cascade）
（法 Delbard 1999年 四季开花）

营造出自然的氛围

　　在柔美轻垂的枝条上不断开出绒球般的小花，煞是可爱。适宜作为盆花在进门的小路和台阶两旁摆放，植株不会过大，可以作为低处的遮挡装饰。

'无名的裘德'（Jude the Obscure）
（英 David Austin 1995年 四季开花）

香味醉人的"玫瑰佳人"笑迎来客

　　高挑的枝条上开出三五朵大花，花朵不下垂，也可以剪下来做鲜切花装饰起来。深杯形花散发出热情的甜香味道，非常醉人。这个品种亦可盆栽，杏黄花色与明快颜色的草花搭配效果非常好，是大野耕生非常中意的英国月季品种。

'德伯家的苔丝'（Tess of the d'Urbervilles）
（英 David Austin 1998年 四季开花）

可以按照自己的喜好和周围氛围调整各种搭配方式

　　胭脂粉色的可爱花朵很容易与其他枝条柔软，可以像藤本月季那样伸展枝条，花搭配，最适合覆盖在空间较窄的栅格或墙壁上。即使把枝条修剪得短短，植株也可以很好地坐花，所以也可以偶尔修剪得清爽利落些，过上几年就又会长成很大棵的藤本月季了。

'亚伯拉罕·达比'（Abraham Darby）
（法 Delbard　1958年 四季开花）

用芳香通道打造最高贵的邀约

　　适合种在进口或玄关处，浓郁的水果芳香是对访客最好的迎接。健壮的花叶是对病害最好的屏障。枝条伸展，用于栅格或拱门、花架等都非常方便。

'弗朗索瓦·朱朗维尔'（Francois Juranville）
（法 Barbier 1906年 单季开花）

动感优雅的花朵非常动人

　　蔓生玫瑰，适合安排在最显眼的地方。即使是在大型的花架或栅格上也会有不俗的表现。亦可利用其垂枝的特点而用在藤架或凉亭处。

'权杖之岛'（Scepter'd Isle）
（英 David Austin 1996年 四季开花）

是广受喜爱且坐花效果出色的好同志

　　开花性特别好，杯形花，非常可人。其粉色非常易于搭配，散发英国月季典型的没药香气，种植在前庭、侧边、容器等处也都会有很好的表现。

'莫里斯·郁特里罗'（Maurice Uteillo）
（法 Delbard 2003年 四季开花）

颇具个性的表情带来华美的氛围

　　在花园里猛然看到，可能会稍觉惊讶，但如果配合它独特的个性而栽种在花盆或其他容器中用来装饰玄关，则应该会是最好的"Welcome Rose"吧。每日都会有不同的变化，艺术感十足。

'迪奥精油' Dioressence

1984 年培育

　　会成簇开出 3~5朵蓝紫色到冷白色间的独特杯形花朵。与克里斯汀·迪奥限定香水同名的玫瑰，富含佛手柑、天竺葵、青苔树木等混合气味。也被称为'迪奥小姐'。

感受玫瑰的魅力

薰衣草色、浅紫色、紫罗兰色、紫丁香色、紫红色……

by Delbard

戴尔巴德紫色系品种的玫瑰

人们称为"紫色系"和"蓝色系"的玫瑰其实都是紫色的。
法国的戴尔巴德公司一直致力于培养这种色系的精品玫瑰。
这些紫色系的玫瑰，有着与其他色系与众不同的魅力。

（玫瑰搭配师/玉置一裕）

1991 年培育

　　偏蓝色和紫红色的花瓣，有着传统精致花形的玫瑰。散发出独特的强香（混合着香茅、天竺葵、依兰、紫罗兰、干草和蜂蜜等香味）。

Purple

令人无限憧憬的"紫色"

　　所谓的紫色，是由热情的"红"和静谧的"蓝"混合而成的颜色。紫色是代表着高贵典雅、有品位、都市化的颜色，给人成熟和知性的感觉，可以用来表现出艺术的氛围和色彩印象。另外，通过微调红色和蓝色的比例以及色彩的浓淡就能给人不同的感受。例如淡紫色温婉素雅，深紫色则高贵华丽。

　　不同深浅的紫色会反映出对应花朵的花香。比如紫丁香色有着如同其名的丁香香味，华丽又优雅的紫藤色有着柔美的花香，紫罗兰色则发出甜美的气息，至于薰衣草色则发出令人平静的香草味。在赏花观色的同时，一起感受花朵带来的芬芳氛围吧。

'小王子' | Le Petit Prince Blue

2006 年培育

　　能开出大量淡紫色半重瓣的花朵，花香四溢。以'来自星星的小王子'命名，并获得 2006年 BAGATELLE金奖的玫瑰。

'帕尔玛修道院'
Chartreuse de Parme

1996 年培育

　　会随着盛开而颜色变深的帕尔玛紫罗兰色(紫红色)玫瑰。花名取自小说《帕尔玛修道院》。香气馥郁(混合着柑橘、香茅、风信子、紫丁香、杧果和荔枝香味)。帕尔玛自古也是紫罗兰利口酒的产地。

自古紫色就与人们有着久远渊源。人们用紫草的根作为紫色的染料。正如《古今和歌集》中写道的古老歌词那样："只要有了一根紫草，武藏野所有的草都会显得那么可爱"，也就有了"与紫色结缘"这一说法。

日本小说《源氏物语》中，更有众多富有紫色魅力的女性。主角美男子光源氏的母亲名叫"桐壶"，这个名字是由5月开出淡紫色花朵的桐树得来。光源氏在各种各样的恋情中，一直追寻着母亲的身影。他的继母"藤壶女御"的名字中也带有淡紫色紫藤的影子。而"紫之上"则是他培养长大并后来娶为妻子的女性，光源氏可谓深爱紫色的男人。

即使不像光源氏那样执着，人们也可以从紫色的玫瑰身上感受到与其他颜色的花朵不同的成熟与高贵，令人憧憬不已。这样的感受，也许正是我们心底对紫色玫瑰难以割舍的理由。

戴尔巴德公司的紫色系品种中并没有人们称为"蓝色玫瑰"的蓝色品种。但它们洋溢着的法兰西风情、丰富的芳香以及故事性的命名，让它们充满魅力。从种植第一株紫色玫瑰开始，逐渐入手其他的品种，让我们一起与紫色结缘吧。

'阿曼达的纪念品'
Souvenir de Louis Amade
1998 年培育

春季平展开花时紫色花瓣中带有灰白色，到了秋季则变为紫丁香色的杯形花朵。有着混合着茴香和龙蒿的独特香味。名字取自歌曲《憧憬玫瑰》的作词者。

Lilac, Pink

'美里玫瑰'
Chant rose Misato
2004 年培育

花瓣颜色为粉色中混有少许紫丁香色，杯形花。被歌手渡边美里的粉丝大野耕生誉为"玫瑰色的美里之歌"。有着草本植物般的强香（八角、罗勒、小茴香和薰衣草），获得第七届岐阜国际玫瑰最佳香水奖，人气品种。

'包法利夫人' | Madame Bovary
2001 年培育

淡粉色中带有淡紫色，富有层次感的玫瑰。在秋季，柔滑的花瓣仿佛被包裹起来一样盛开，如同福楼拜小说中"梦想的女主角"。圆形的大花玫瑰伴随着浓厚（玫瑰、茉莉、苔藓、胡椒等）的香味。

'风中玫瑰' | Rose des 4t vents
2006 年培育

花色会从深洋红色逐渐变为紫色。以"风中玫瑰"命名的花朵，能开出许多层层花瓣的杯形玫瑰。成簇开花。有着淡淡红色果实和森林气味的芳香。株高 50~100cm。

Carmine, Deep Pink, Purple

'圣艾修伯里' | Saint-Exupery
2003 年培育

被称为"粉紫色印度纱丽"的紫色花朵，花形松散的大花型玫瑰。为了向《小王子》一书的作者致敬而起名。秋季会开出如同星星般的花朵。花香则为纯玫瑰的强香。

从这个春季开始造园吧！

造园季节到来了！如果想要开始打造花园，现在正是绝好的时机。这次为新人们收集了不少造园的诀窍要点，已经享受过造园乐趣的人们也一起来重温下基本知识吧！

铁线莲

科名：毛茛科
属名：铁线莲属
种名：铁线莲
品种：Apple Blossom 苹果花

为了种出健康的植物，需要知道的5件事情！

在开始打造花园之前，必须整备好对植物生长有利的环境。因此，把握植物喜好的环境、自家花园的栽培环境、土壤、施肥的方法和适合自己生活方式的植物，这5大要点是我们在种植前必须知晓的。

植物通常用科名、属名、种名和品种名来分类，同一分类的植物有着相似的特性，所以了解植物的学名对我们是十分有帮助的。通过调查学名，就可以在一定程度上了解这种植物的特性。

大部分花园的栽培环境和土壤质量无法做到十全十美。不过不用太担心，土质可以改良，而且在众多的植物之中总有一款适合你家环境的花草。细心地培育植物，一定会打造出美妙的花园。接下来，让我们开始准备基础的工作吧。

基本

要想种好植物并非难事！重要的是充分了解彼（植物的特性）和此（种植的环境）。让我们立即开始研究吧！

chapter 1 了解植物的原产地

无论是种植哪种植物，如果无法适应生长环境就会枯萎。因此在种植之前，我们需要了解植物喜好的环境。一条一条调查生长特性固然是必要的，但如果在最初购买时就能知道植物的原产地、科属等信息，就可以根据原产地的气候，选择最为适宜的种植环境。此外，同科属不同分类的植物，基本上喜好的环境也一样。在明白了这两点之后，便能自然而然地明白什么是对此类植物最为合适的环境。

chapter 2 了解庭院和阳台的环境

自家的庭院和阳台的环境条件也需要调查清楚。基本的日照时间、通风情况和土壤状态是左右植物生长的要素。利用下面的调查表，先观察自己花园的状态吧。改善庭院并选择适宜的植物后就能立即实践造园啦！

例　（　）内为原产地

适合干燥地区的植物
桃金娘科 Myrtaceae（澳大利亚和巴西等）
景天科 Crassulaceae（墨西哥和南非等）
马齿苋科 Portulacaceae（南美等）
龙舌兰科 Agave（墨西哥和哥伦比亚等）

适合湿润地区的植物
虎耳草科 Saxifragaceae（日本和中国等）
蕨科 Sinopteridaceae（日本和泰国等）
龙胆科 Gentianaceae（日本和近中东等）
报春花科 Primulaceae（日本和地中海沿岸等）

☑ 调查你家的庭院环境！

A 上午庭院里日照不足3小时
B 下雨后，需要至少1天以上泥土才会干燥
C 庭院的西侧没有建筑物或是高大的树木等
D 在用铲子挖泥时，经常容易卡住
E 在庭院里无法感受到微风

选择A的人，可能日照条件非常差　选择喜欢半阴或全阴植物→查看 chapter5
chapter 5

选择B的人，可能排水不良
通过加入腐叶土等来改良土壤→查看 chapter 3 和 chapter4
chapter 3 & 4

选择C的人，可能西晒很强烈
选择耐日晒的植物→查看 chapter 5
chapter 5

选择D的人，可能泥土中有石头等异物
翻土除去石头，加入改良泥土的材料→查看 chapter 3和chapter4
chapter 3 & 4

选择E的人，可能通风条件差
选择喜欢潮湿的植物→查看 chapter 5　*chapter 5*

实践

终于开始造园的实践篇了！在这里我们会学习如何改良土壤、使用肥料和选择植物。

chapter 3 购买理想的种植土

在左右植物生长的条件中，土壤是最为重要的。生长必需的水和养分由根部直接输送吸收，可谓栽培的核心。理想的土壤指的是通气性、排水性和保湿性好的泥土。不良的泥土会让根系无法呼吸，容易腐烂或干枯。此外，在土壤中的肥料也是非常重要的因素。理想的颗粒土能满足以上所有的要求。但是根据植物的特性和栽培环境的不同，应适当调整泥土的成分。

地栽

首先用铲子深挖，将泥土中的瓦砾等剔除。然后拌入能将土壤酸碱度调整为中性的石灰（*日本土质多为酸性，需要加入石灰来调整，在中国并不必要），充分的搅拌能将泥土中的空气从表土输送到深处的泥土中。对于排水或保湿不好的土壤，需要加入腐叶土和堆肥。拌入专用的培养土也可以。

盆栽

盆栽的泥土，对排水和通气性要求很高。可以使用市场上卖的植物专用培养土。不同容器的保湿性也各不相同，应根据场合选择适合的泥土。

为了提高通气性和保湿性，在泥土中混入堆肥和腐叶土。如果是已经种植了植物的地方，可以选择在冬季进行泥土改良。

基本的容器

陶盆

用黏土烧制而成的最简易的花盆。虽然有些沉重，但多细孔的材质令花盆的通气性和排水性非常优异。

塑料花盆

聚丙烯制成

聚丙烯制成的花盆非常轻便，适合阳台使用。由于保湿性能好而容易导致泥土过于潮湿，需要注意。

聚乙烯制成

聚乙烯制成的花盆，保湿性和耐久性都非常高。类似红陶的质感也很漂亮。

颗粒结构的泥土是怎样的？

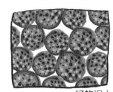

好的泥土

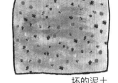

坏的泥土

细小又坚固的颗粒状泥土的状态。颗粒的间隙能让水和空气流过，适合用来种植栽培。

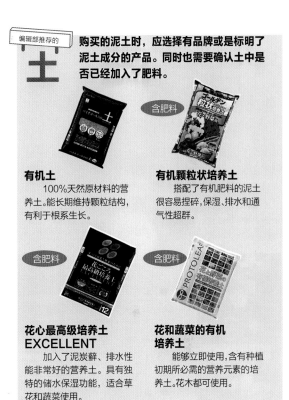

编辑部推荐的 **土**

购买的泥土时，应选择有品牌或是标明了泥土成分的产品。同时也需要确认土中是否已经加入了肥料。

有机土

100%天然原材料的营养土。能长期维持颗粒结构，有利于根系生长。

含肥料 **有机颗粒状培养土**

搭配了有机肥料的泥土很容易捏碎，保湿、排水和通气性超群。

含肥料 **花心最高级培养土 EXCELLENT**

加入了泥炭藓、排水性能非常好的营养土。具有独特的储水保湿功能，适合草花和蔬菜使用。

含肥料 **花和蔬菜的有机培养土**

能够立即使用，含有种植初期所必需的营养元素的培养土。花木都可使用。

chapter 4 掌握肥料的区别和使用

为了满足植物的生长需要，应及时补充必要的营养元素。除了氮、磷、钾这三大要素之外，还有钙、镁等元素。肥料可分为速效性的液体肥和缓释性的固体肥料以及以动植物为原料的有机肥和化学合成的化肥等。施肥的重点在于目的和时间。首先让我们分清楚基本的底肥和追肥的施肥方法吧！要特别注意避免过度施肥。

底肥

底肥指的是在种植植物时，与土混合在一起的肥料。随着根系生长逐渐发挥效果，所以宜选择缓效性肥料。缓效性有机肥料有鸡粪和油饼肥，化肥有固体颗粒缓释肥。固体颗粒缓释肥可以慢慢溶解释放养分，有较长的肥效。

追肥

追肥是指在底肥耗尽时添加的肥料。配合植物的特性和状态施加速效性肥料。有机追肥有发酵油粕，化肥有液体肥料。追肥也可使用缓释性肥料，这样可以减少施肥的频度，更加轻松。

植物必需的三大元素

氮（N）、磷（P）、钾（K）被称为三大元素，分别对应着：叶片~氮（N），花朵~磷（P）和果实、根系~钾（K）的生长。购买肥料时，应确认成分的比例，选择适合植物的型号。

编辑部推荐的 **肥料**

仔细阅读肥料的商品说明，根据植物需要施肥的时间酌量施加

用于底肥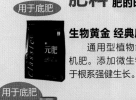

生物黄金 经典底肥

通用型植物缓效有机肥。添加微生物有利于根系强健生长。

用于追肥

植物维生素 为盆花和绿植提供养分

撒在土壤表面的颗粒肥料。

用于底肥和追肥 **我的花园 植物通用型**

含有令土壤充满活力的腐殖酸。颜色近似土壤。

用于底肥和追肥 **Guano花园**

含有25%以上磷肥的有机肥料。

常绿

落叶

宿根草　一年生草花

经过前面的学习和实践后，可以选择适合自家庭院的植物啦。为了达到长时间的种植效果，不仅要通过第二章中的检查表来判断自家的环境，同时也必须顾及主人自己的生活方式。工作繁忙并不是放弃拥有花园的理由，你可以选择一些不需要移栽的宿根植物品种来搭配开花不绝的一年生草花，这样不断调整，一定会发现适合自家庭院与生活方式的植物伴侣。

一年生草花

从发芽到开花、再到枯萎的周期为1年的花草被称为一年生植物。许多花草在植株枯萎后能结出种子。在园艺店可以买到品种众多、价格公道的花苗和种子。例如三色堇、朝颜、矮牵牛花等。

宿根植物

宿根植物指的是在冬季枯萎休眠，来年重新开花的花草。有地面部分枯萎，仅靠根部过冬的落叶宿根草和保留地上部分的常绿宿根草。可多年种植且不需移植，管理起来比较轻松。例如玉簪、铁线莲等。

从左到中间为常绿宿根草和落叶宿根草，右边则为一年生草花冬季的状态。为了整年都能观赏到美丽的花园，可以利用这三种植物组合搭配种植。

如何处理刚买到的花苗

苗

刚开始打造花园的时候，购买现成的花苗是最立竿见影的办法。在园艺店购买花苗后应尽快种植。将苗从花盆内脱出时，会发现底部有盘结的白色根系的情况。为了让根系容易生长，可以轻轻地剥落些泥土后再移植。

拿住花苗，将底部弄松散。如果碰到太过坚硬而无法弄松的情况，可以用铲子切掉那一部分。

编辑部推荐的 **能够长期观赏的 6 种皮实的花草**　在夏季也能观赏到的3种一年生草花和3种宿根植物

一年生草花

矮牵牛　4月中旬~11月

茄科。能开出大量如同玫瑰般的花朵。生长旺盛且分枝多，植株宽幅可达70cm左右。

夏堇　5~10月

玄参科。特点是耐热性强。生长茂密且开花量大。喜好潮湿的环境。

长春花　5~10月

夹竹桃科。耐干旱性强，盛夏会开出可爱的小花。石灰绿的叶色给人清爽的感觉。

宿根植物

铁线莲 '鲁佩尔博士'　5~9月

毛茛科。淡粉色的花瓣中带有深粉色的条纹，充满魅力的华丽大花型铁线莲。四季开花型。

蓝盆花 '高加索蓝'　6~10月

川续断科。褶边的花瓣令人怜爱。株高60~100cm，可作切花。

倒挂金钟　4月中旬~6月下旬

柳叶菜科。鲜艳的花朵如同灯笼般垂吊。这个品种有枝条向上直立的特性。

宿根植物

令人爱不释手的球根植物

球根

球根植物多数是秋季种植，例如郁金香和水仙等，花朵饱满且叶片茂盛。球根部分储存了必需的营养，有着种植后即可放任生长开花的魅力。花期过后可根据品种，挖出想要的种球保存，等待来年继续种植。也有春植型球根，可以从夏季到秋季观赏到华丽的花朵，为夏季的庭院增添一抹亮彩。

以地面为基准，种植的深度为种球的2~3倍。春植球根需要注意及时追肥。

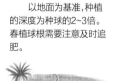

编辑部推荐的 **3 种具有成熟风情的春植球根**　在春季种植夏季就能开花的球根。相比秋植球根，它们更有成熟的魅力。这里为大家介绍3种成熟风格的球根。

美人蕉　6~10月

美人蕉科。富有热带风情的鲜艳花朵在夏日阳光下显得格外耀眼。芭蕉般的大叶也充满魅力。

大丽花 '月光华尔兹' 7~10月

菊科。花朵直径为13~17cm的中小型花朵。淡黄色的花朵中心被粉色花瓣包裹着，呈水波状开放。

马蹄莲　6~7月

天南星科。仿佛经历过洗练，有着高雅风情的植物。喜欢潮湿的环境，需注意土壤是否干燥。

Type 1 可以移植的植物

盆栽播种

对所有可以移植的植物都适用的播种方法。在小盆里播种后，待长大到一定程度后进行定植。因为移动起来很方便，适合还没想好种在哪里的植物。

不用改变环境，所以能将幼苗培育到较大后再定植。如果还未决定种植的场所时，可以用这种方法。

盆栽播种

育苗箱播种

用木箱或是塑料盘等来播种。同小盆播种同理，适合种子细小且经得住移植的品种。其优点是可以一次性播许多种子。

育苗箱播种

当长出两三片真叶时，挑选健壮的小苗定植到花盆或是花坛里。这个时候，可以用筷子等轻轻夹住幼苗防止损伤。

从1颗种子开始种花

从1颗种子开始培育植物是一个值得尝试的挑战。一些珍稀的品种只能通过种子来培育，此外看到自己从种子培育出的植物也会感觉格外有爱。播种的时期分为从夏季到秋季开花的春播和春季开花的秋播（1年共2次）。当幼苗长出两三片真叶的时候，就可以将小苗从培育的苗盆移植到开花场所，这时要注意有些植物不宜进行移植。

Type 2 不可移植的植物

直接播种

豆科、十字花科等

直接播种在种植的地方。对于根系无法分离的直根系植物，移植后根系很难再生，这个时候就需要直接播种。要注意别让雨水将种子冲走。

直接播种

发芽长出两三片真叶后，保留强壮的幼苗进行疏苗。可以一次多播种些保证发芽率。

编辑部推荐的

3 种春播后夏季就能看花的品种

旱金莲'黑色天鹅绒'

☀ ☀ 🪴 🌸

🌼 6~10月

旱金莲科。是一种花叶都能食用的植物。黑色天鹅绒般质感的花朵给花园增添了精致感。

向日葵'可可'

☀ 🪴 🌸

🌼 7~9月

菊科。褐色的向日葵独特而优雅。花朵直径约10cm，株高约180cm。不耐移植，所以要直接播种。

朝颜 西洋系

☀ 🪴 🌸

🌼 9~10月

旋花科。蓝白色交杂的西洋系朝颜是非常受欢迎的品种。特别适合夏日清爽的早晨。

两个人的庭院

对未来的展望总是始于足下

「这周末，一起打理庭院吧？」

最近，在庭院中进行这种对话的夫妻越来越多了。

本期，我们将分别介绍5对夫妻的庭院物语。

庭院不仅为他们的家庭带来一抹绿意，还为他们提供了两人相处的场所。他们一起劳作、互诉爱意、不知不觉中夫妻间的羁绊也越来越深了。

对夫妇二人的提问！

对自家庭院的真实感受

Q1：开始种植花草多少年了？契机是什么？

Q2：庭院劳作或者在庭院中度过的时光中，印象最深刻的是什么？

Q3：关于庭院，你对对方有什么要求？

Q4：庭院给你带来了什么益处？

Q5：对你来说，庭院是什么？

Woman's Answer

A1. 10年。在我父母家住的时候，我分到了自己的一小块地，种上了香草。后来我被玫瑰的香味所吸引，成了古典玫瑰的粉丝。正式开始造园，是从搬到新家后开始的。

A2. 两年前，黄金周旅游归来的时候，看到早开玫瑰和山梅花一齐开放时的场景，看上去就像梦中的风景，让我十分感动。还记得我们刚开始建造庭院的时候，每次为玫瑰和树木挖种植坑时，都会挖出一大堆的瓦砾碎片。但在看到那次的美景后，造园时的辛苦仿佛全都不值一提了。

A3. 现在他会主动帮忙打理庭院，我就已经很满足了。

A4. 我和丈夫的共同兴趣就是打理庭院。能够一起做喜欢的事，让我觉得很幸福。还有就是，庭院里时不时有小鸟和昆虫到访，孩子们能够在自然中成长。

A5. 大概是身心放松的地方吧。

Man's Answer

A1. 10年左右。我从小长大的家里有一座庭院。我只是旁观，并没有参与其中。和妻子在结婚前，常常一起逛园艺店，不知不觉就爱上了多肉植物。

A2. 在庭院路口，亲手种下作为象征树的野茉莉的时候。那时候的庭院还是一片荒芜，我感慨万分地想着："从今以后就要开始建造庭院了。"谁知道，后来种植的桉树生长迅速，竟代替野茉莉成为庭院的象征树。

A3. 以前我总是想"你种太多玫瑰啦"（笑）！现在我也认识到了玫瑰的魅力，所以没有什么其他要求。我有的时候会修剪过头，希望她能原谅我。不久之前还把我们家的'Francois Juranvill'……

A4. 树木的生长和来访庭院的小鸟让我感觉到四季的变换。

A5. 共同打造的只属于我们家的杰作。

一点一滴建造起来，能够感觉到人情味的不完美的理想花园

广岛县 繁山晃洋先生 寻湖女士

厨房外墙上爬满了寻湖女士最喜欢的'艾伯丁'。据说在整个家中都能闻到它浓郁的香味。

从起居室里看到的'艾伯丁'的背影。为了能够温柔地装点整座房子而选择了藤本月季。

"用10年时间来打造一座庭院吧！"

晃洋先生

　　繁山夫妇二人的家坐落在倾斜的山坡上。藤本月季将整座房子包围，散发出芬芳的花香。4年前他们搬进了这座房子。妻子繁山寻湖主要负责植物的种植，丈夫繁山晃洋则负责贴砖等重活。晃洋说："庭院还有很多地方需要完善。刚搬进来的时候，我们就商量着要用10年时间来打造这座庭院。"

　　夫妇二人都成长在有花园的家庭里，据说结婚前就常常一起逛园艺商店。"我的话题总是离不开植物，渐渐地我的丈夫也从多肉植物开始，对园艺产生了兴趣。"寻湖说道。两人结婚后，先是住在公寓内，后来决定买房时，就把带庭院作为主要条件。先生说："我们希望庭院里的植物能够自由茂密地生长，从处理砖瓦开始就注重这个理念。"寻湖则是把原先种植在阳台的盆栽玫瑰种在庭院里，又种下了尤加利和其他宿根花卉。"我的丈夫一开始对玫瑰有些莫名的抵触。他虽然反对我种玫瑰，但我们家的玫瑰还是渐渐增多了（笑）。"整座庭院也因此弥漫着妻子所喜欢的玫瑰香味。

全家人站在晃洋先生亲手铺设的砖路上拍下的一张照片。他们有两个女儿还有爱犬"哈利"，是和谐的"4人+1犬"家庭。

寻湖所喜欢的这棵日本紫茶，是在搬进新家两年后种下的。小女儿的名字也由此得来。

令人感受到"时光"的美丽花草

繁山夫妇所追求的是"不完美的理想花园"，

爬藤植物伸展出茂密的枝条，

展示庭院的生命轨迹、仿佛时间留下的印记，

是庭院中不可缺少的素材。

由掉落的种子而开出的花

黑种草

毛茛科的一年生植物，花后结成的果实中有黑色的种子。轻盈的叶片和纤美的花朵为庭院带来温柔的气息。

紫花琉璃草

紫草科的一年生植物。朝下开放的紫色花朵和深蓝色的花苞看起来神秘而沉静。叶片带有白色斑纹。

生长旺盛的花草

悬星藤

茄科的藤本植物，在背阴环境也能很好地生长。夏季会开出白色与淡紫色的小花。别名为蔓花茄。

忍冬

忍冬科的藤本植物。花期是初夏到秋季，开花时散发甜蜜的香气。因为是常绿植物，在冬季也能欣赏到它的绿叶。

51

在起居室的沙发上玩耍的两个女儿。从每个窗户向外看，都能看到玫瑰缠绕在窗沿，就像一幅画。从这扇窗户向外看，看到的是玫瑰'蓝紫花'。

日本紫茶的枝条上挂着鸟巢。因为庭院中有很多结果的植物，绣线鸟和大山雀等野鸟经常造访。

"了解了丈夫眼中的玫瑰后，我看到了一个新的世界。"

寻湖女士

常绿的桉树下种着圣诞玫瑰和玉簪等植物。绣球和芍药等其他植物将空隙填满。

狭长的砖路通向大门。道路的尽头种着山梅花、麻叶绣线菊、楼斗菜等开着白花的植物，组成一个迷你的白色花园。

设计时参考了国外的书籍

大门边的设计思路来自书中看到的巴黎的花园，攀爬着玫瑰和铁线莲。晃洋先生所铺设的砖路延伸至主庭院。

DIY 打造理想的空间

晃洋先生负责贴砖、砌花坛等硬装。寻湖女士会事先说明自己想要的效果。先生在作业途中也不忘听取妻子的意见。这个庭院大部分地方是背阴的，因此可以创造出十分适合植物生长的环境。

制作适合植物生长的花坛

大门前原先铺设着水泥地，后来改成了种植蓝莓的花坛。相较于主庭院，这里的光线更好，可以期待秋季的丰收。

　　晃洋先生原先对玫瑰有些抵触。在与寻湖女士的造园过程中，他渐渐喜欢上玫瑰这种植物了，"试着修剪玫瑰和牵引玫瑰枝条后，突然觉得十分有趣"，最近，甚至主动提出要打造玫瑰拱门。先生的这种变化也给妻子带来了新的发现。"他不仅帮忙修剪枝条，还对我说玫瑰的叶片和花苞看起来很有趣。这些新鲜的观点让我重新认识到玫瑰的魅力"。

　　繁山夫妇育有两个女儿。"几乎每个周末，我们一家人都是在庭院中度过。有时候，女儿也会抱怨'爸爸和妈妈总是待在院子里'！"先生笑着说。希望女儿能够亲近自然、喜爱花草是夫妇二人共同的愿望。孩子们在这样的家庭中长大，闻着喜欢的花香、吃着蓝莓，十分惬意。最近，一家人常常聚在一起，欣喜地观察停留在鸟巢上的野鸟们。寻湖说："看着成群飞来的小鸟们，我不禁期望着人们也能像小鸟们一样，能有共同喜欢的事物。"夫妇二人共同培育的这座庭院，在10年、20年后一定会变得更加美丽和成熟。

孩子们常常摘来吃的醋栗。带有纹路的果实一旦变红，就可以吃了。醋栗不耐酷暑，但是在半阴条件下也能种植。

Man's Answer

A1. 虽然想说是7年，但其实我都是按照妻子的指示做事，所以准确说来是0年。我主要负责栅栏、围墙、网格等制作施工。不过我很喜欢自己在庭院中的定位。

A2. 说起来应该是亲手建造露台和园路。石板和砖块比想象中重了很多，而且需要来回搬运，十分辛苦。正因为这份辛苦，这座庭院在我心中才更加美丽。

A3. 每次问妻子，生日或者圣诞节想要什么礼物，她说的都是与园艺相关的东西。虽然这是和家人一起欢乐度过的美好时光，但有时候我也会希望，她想要的是首饰之类的礼物。

A4. 清晰地感觉到季节的变换。我尤其喜欢花朵盛开的5月。

A5. 或许应该称为"妻子的玩具箱"，我在旁边看着，偶尔帮忙，也感到十分满足。

Woman's Answer

A1: 7年。契机是建造了自己的房子，并拥有了小小的庭院。我小时候是在大山里奔跑着长大的，所以想让孩子们也能感受大自然的魅力。我想建成这样的庭院。

A2. 给我丈夫买了户外穿的胶底短袜。丈夫说："哦，好舒服啊！"，在庭院里走来走去（笑）。虽然说这是印象最深刻的事情有点⋯⋯

A3. 谢谢你为了我的无理要求，建造了拱门、露台和围墙等装饰物。希望你的DIY水平越来越高，一起快乐地造园吧。

A4. 吃早餐的时候，我们的话题永远围绕着窗外的庭院。"啊，那花开了""绣眼鸟今天早上也来了"，早餐时总离不开这些愉快的话题。和家庭成员一起成长，是相当于家族面貌的一个存在。

A5. 是我能够静下心来的地方。和家庭成员一起成长，是相当于家族面貌的一个存在。

理想的庭院是一座吸引小鸟和蝴蝶的杂木森林，
二人的美好回忆是它的注脚

千叶县 堀田浩司先生 久美子女士

蜿蜒着通向深处的园路。
浩司微调了几次，才定下了曲线角度。
路旁的花草则是由久美子栽种。

周末的休闲活动是两人一起打理庭院。
明确的分工让两人的工作十分和谐。

　　位于安静的住宅区一角，堀田的宅院被绿荫以及鲜艳的花草所围绕。新家建成之际，为了实现久美子理想中的庭院，堀田一家把基本的工程建设委托给了园艺公司"草树舍"。那时候，浩司先生对园艺没有一点兴趣。但为了削减预算，他决定由自己来铺设露台的石板和砖路。他做事情一向比较严谨，在完成久美子要求的过程中，DIY水平逐渐提高，现在已经能媲美专业工匠了。

　　久美子的父母都是爱好植物的人，据说她父母的庭院里总是盛开着各种花朵。自从拥有了自己的庭院，这种"基因"便苏醒了，很自然地开始对园艺着迷。在打理庭院的时候，夫妇二人对对方擅长的部分都表示了尊重。久美子笑着说，种植和浇水是没办法交给丈夫来做的，但另一方面丈夫认为："你的修剪技术实在糟糕。"才读小学一年级的女儿也对植物表现出强烈的喜爱，有时候还会帮忙给鸟巢上漆。全家人都非常喜欢在庭院中的时光。

　　稀有的山野草是久美子的母亲在久美子结婚时带来的植株，是经过分株和扦插得来的。说不定在将来也会由久美子的女儿继承，成为每年花开时的美好回忆。

被绿荫包围，仿佛置身于森林中的露台。
浩司的得意之作——石头与砖块铺成的地面，
在时间的打磨下越发自然。

"庭院是妻子的玩具箱。
与妻子一起玩耍的过程中，我也喜欢上了它。"

浩司

从起居室往外望所看到的露台。
早餐的话题总是围绕着来访的小鸟和蝴蝶，
或者是当季开的花朵。
庭院的变化如此丰富，让我们百看不厌。

正门口的拱门是两人最初的DIY制作。
"成品看起来有些歪。那时候我们还很在意，现在已经
变成了趣谈"。
随着DIY技术的不断提高，浩司的得意之作也渐渐增多。

「逐年增多的植物与杂货，是丈夫给我的结婚周年礼物。」

——久美子

紫叶小檗的深红叶色，为绿色为主的花坛带来鲜艳的色彩。

房子西侧是一条通往后门的小路。
在不打扰邻居的前提下，我们种植着许多植物。
主要是观叶植物，所以打理起来十分轻松。

充满回忆的植物与小物

从母亲那里分株得来的山野草，与园艺师商量着种植的花草——庭院里处处都是回忆。久美子要求的生日礼物也都是关于园艺的。

代代相传的山野草，母亲传给我，我再传给我的女儿

老鹳草开出的花朵是艳丽的粉红色。因为有一定的匍匐性，所以很适合种在阶梯旁。

唐松草。铁丝状的枝条、薄薄的叶片再加上棉絮式的小花，十分可爱。

水甘草。墨绿色的细叶搭配精致的花朵，让人印象深刻。

点缀着庭院的小物每一个都是美好的回忆

庭院建好后，浩司送给久美子的第一个生日礼物是喂鸟水盆。夫妇二人商量着买下了这个适合自家庭院的小物。

57

Part2

人气 SHOP・园艺师的推荐

两个人的庭院

在工作上常常接触植物的园艺设计师、园艺杂货店的店长们，在生活中又是如何与植物相处呢？让我们一起探寻植物与夫妇间的有趣关系吧。

Brocante

Shop Data

　　Brocante 在法语中是旧物、杂货的意思。而这间店铺则收集了各种做旧的花园杂货。因其素朴而简练的庭院设计，本店的园艺施工也得到好评。

网址：http://brocante-jp.biz/

"一旦认可对方的独特个性，两个人的世界，将变得更加广阔。"

Brocante 松田行弘先生 尚美女士

店内的庭院让人仿佛置身于法国乡村。据说是再现了两人在法国乡村所观赏到的朴素而丰富的生活场景。

　　松田夫妇于5年前，在自由之丘开设了一家卖杂货及园艺商品的小店。店内装饰着带有温暖气息的法国杂货，庭院内则种植着小小的花草。

　　两人相识于学生时代，毕业后，分别从事与园艺无关的工作。几年后，先生行弘为了探寻"让自己着迷的事物"，远赴英国游学。在英国游学的1年间，他深刻感受到了园艺文化的魅力，回国后立马就到造园公司上班了。在学习了造园的技巧后，行弘先生开创了自己的事业。

　　他们开店前居住的房子有一个庭院，在院子里行弘进行了各种实验性的种植。尚美女士开始接触园艺则是在他们搬到自由之丘并开设了自己的小店后，这时候行弘先生已经创业2年了。造园的工作十分繁忙，不知不觉中尚美也开始帮忙打理庭院了。"我比较擅长从整体上考虑庭院布局，我妻子则擅长局部的设计。举个例子，我负责建造石砌小路，妻子负责小路两旁的植物种植。她那些具有透明感的搭配创意是我所没有的。"两个人的灵感交叠，让庭院的空间充满魅力。

建造在庭院内侧的阳光房。在寒冷的季节里也能晒到太阳,十分舒服。沉静的黑色让花园显得立体感十足。

行弘陈设的花园一角,摆放着尚美所种植的花草。奔放且温馨的设计,是庭院中充满魅力的小景。

让人强烈感受到尚美洗练设计感的店内一角。因为曾在花店工作过,她的室内插花设计也让人眼前一亮。

Brocante的推荐佳品!

让庭院温馨起来的家具&杂货

食物箱

原先是放置奶酪,等待奶酪发酵的箱子。

我们把在庭院里吃的零食放在里面,用于防虫。

壁挂灯

这个壁挂灯让庭院更浪漫,更具有故事性,烘托出二人独处的世界。

建议让爬藤植物缠绕在灯上。

铁艺花架

适合打造立体花园的铁艺花架。

选择线条美丽的花架,让整个空间都优雅起来。

旧货餐桌

无论是作为操作台还是餐桌,都十分实用。

变旧后,立一个十字支架就能很牢固。桌子的大小很适合两个人使用。

"不论是打理植物还是购物，两个人在一起就让趣味加倍。"

Lifetime 说田稔先生 直美女士

Lifetime

Shop Data

主题是"有植物的生活"。店内主要出售花苗，网店则出售进口的"Tamara Henriques""Bradley's"等品牌的园艺商品。

网址：http://lifetime-g.com

店门口摆放着当季的盆栽和小型树木。店内则摆放着从世界各地收集来的园艺商品和服饰。直美手上拿着的是HAWS花洒长柄。

受到爱花的父母的影响，说田稔先生开设了这间花店。某天，他看到了一张国外音乐节的照片，照片上有一位观众穿着帅气的雨靴，因此受到了很大的震动。从那以后，他认为应该向日本国内介绍可成为时尚服饰或者装饰品的园艺工具，他不仅在店内出售，还开设了网上商店"Lifetime"，专门销售杂货和园艺服饰。

洗褪色的亚麻布质感、越旧越有味道的皮革——先生说"我很重视工具的材质和故事性"。妻子直美与他志趣相投，不论是打理植物还是购物，两个人在一起就让趣味加倍。新婚时，说田稔买来的榕属植物'unbellata'，被两个人命名为"小鸣"，现在已成为他们生活中不可或缺的存在。伸展出来的枝条就象征着两个人在一起的时间，可以说是夫妇共处时间的标尺。

不论是庭院劳作还是家务事，夫妇二人想着的不是从对方那里获得什么，而是两个人一起思考解决，比如"搭配上这种花盆真是好看""放在这个台子上怎么样"。享受每件事情的解决过程，就是两个人"有植物的生活"的秘诀。

亚麻抹布

越洗越有味道的亚麻布，为日常生活带来丰富质感。

（左）fog linen work 半亚麻抹布

（右）fog linen work 厚亚麻抹布

精制修枝剪

厚重的质感、最高级的锋利程度，是喜欢工具的男性无法抗拒的一把剪刀。对园艺没兴趣的先生也一定会想拿着它修剪点什么。

服务生围裙&咖啡店围裙

寻找了很久，才找到的男女适用的围裙。设计感和功能性都满分。

\ Lifetime的推荐佳品！/

让庭院劳作更加有趣的服饰&工具

外穿用平底拖鞋

夫妇二人的爱用之物。适合走到阳台等离家不远的地方，在房间里也能使用。

积雪终于融化，白桦树底部的球根植物纷纷开花了。
用乐章来比喻的话，北海道4月的庭院是一曲独奏。
开篇的旋律虽然有些寂寞，但到了5月，则变成热闹的四重奏。
而进入6月中旬后，庭院的乐章已变成壮阔的交响协奏曲。

此时，庭院中的花还比较少，因为担心霜降，小苗也还没有移栽到户外。但是等不及到春季的园丁们和喜欢花朵的游客们已经纷纷来访了。

4月29日

上野农场开放

　　球根植物充满活力的季节。白桦林中种植的洋水仙与后山草原上种植的水蓝色的东北延胡索一齐绽放。在这缤纷的时节，上野农场的庭院和店铺也对外开放了。

　　为了庆祝开园，农场举行了小型的户外演奏会。单簧管合奏团"响屋"所演奏的春之音色在整个庭院中回响。

旭川上野农场的舞台幕后

北国花园的徒然日记

第2期　　北海道花园最好的季节来了！

从《花园MOOK·私房杂货号》开始连载的，上野农场（北海道·旭川）上野砂由纪的人气随笔，为我们介绍4月至7月北国花园的季节变换。

和谐的单簧管协奏曲在园中回荡。

虽然是朴素又辛苦的工作，但是把杂草全部拔干净后的成就感让人满足。其实，我还挺喜欢这项工作的。

在北海道漫长的冬季里，植物和人都待在室内。当天气转暖后，各种花朵则在同一时间绽放（旭川的樱花一般在"五一"小长假结束后盛开），所以从北海道以外的地区来访的游客们首先惊讶的是开花时期的不同。与众不同的开花时期，为人们带来新鲜的风景，可以说是北海道花园的魅力之一。

进入5月，嫩叶迅速长大，庭院中出现了富有层次的新绿色。在这个季节，因为植物都在旺盛生长，我和母亲每天都忙着打理庭院，然后就是与杂草的战斗……

赶在植物生长出叶子、覆盖地面之前，提前把杂草清除干净，能让之后的工作轻松很多。所以不管多忙，我都一定会进行这项重要的工作。

和杂种鸭"美可"一起种田

说起上野农场，人们一般想到的是造园，但其实我们是历史悠久的水稻农家。规模虽然比以前小了很多，但我们从1906年开始就一直种植水稻，已经有100多年的历史了。所以，虽然忙着打理庭院，种水稻的工作也不能落下。因为我也会操作种植水稻的机器，所以我会和家人一起腾出几天时间，集中种植水稻。

和母亲关系亲密的杂种鸭"美可"（在北海道方言中，"美可"是可爱的意思，所以母亲给她取了这个名字）会和母亲一起进行搬运秧苗的工作。从旁看去，"美可"就像是在监督母亲的工作和稻田的种植。旭川是种植大米的好地方。此时正是农忙时期，到处都可以见到种植水稻的人的身影。

这个季节，也是把花苗和蔬菜移植到地里的季节。在这之前，因为有霜降的危险，所以不能移植。

并不是在实行"稻鸭共生"的养殖方法，我们家"美可"对农事可帮不上忙。"美可"的地位相当于家中爱犬，是一只"爱鸭"。

我想创造原野般的庭院，所以在排列花苗的时候尽量随意地摆放。在花苗与花苗之间，还撒了花种。

店铺前的小花坛每年都只种植一年生的花草。宿根植物一旦开始种植，每年所呈现出的景色大致相同。与之不同的是，一年生植物虽然每年都需要重新种植，但是每一年的变化都值得期待，所以我总是忍不住收集一年生植物的花种。一个月后的美景就是对园丁最好的回报！

庭院劳作不可缺少的物品

这个季节，要小心防晒。我虽然很喜欢沐浴在阳光下，晒后的处理却比较麻烦。

说起园丁，人们一般想到的是"皮肤微黑、脸上长满雀斑"的形象。老实说，我可不想晒黑（虽然这么说，我从小就容易长雀斑）！我对于"化妆""美白"之类的化妆品完全没有抵抗力，总是忍不住买回家。

因此，在庭院劳作中不可缺少的就是帽子！我特别喜欢帽子，尤其喜欢宽沿的帽子，还有瘦脸的功能（笑）。碰见喜欢的帽子，我一般都会买下。等我意识到的时候，家里衣柜里已经摆满帽子了。

我大部分时间都是在户外度过，所以帽子是我要相处一整天的伙伴。我会根据当天的心情和服装，精心挑选适合的帽子。最近，在庭院中工作时，常有人问我："你的帽子是在哪里买的？"时尚的园丁们果然都在偷偷关注帽子啊。上野农场的店铺里以前是没有帽子卖的，因为太多人问我了，所以干脆就开始卖帽子了。没过多久，帽子区域就成为人气角落。戴着喜欢的帽子，总觉得干起活来都比较有干劲。外出的时候，就算头发没有整理，戴上帽子也能优雅出行。这也是我喜欢帽子的原因之一。

毛地黄、
玫瑰、翠雀和
花葱协调生长
的一角。

花园婚礼

进入6月中旬，毛地黄、东方罂粟、花葱等植物开始绽放，以绿色为主的庭院开始多了很多颜色。6月的庭院中，最引人注目的是"不见此花，何谈蓝色"的牛舌草的蓝色花朵。独尾草的花穗像狐狸的尾巴一样，十分有趣。

北海道特有的气候和土壤成就了这独有的花卉组合，而日夜温差则造就了艳丽的花色，是时候欣赏这独具魅力的风景了。

在这美丽的季节，友人在庭院中举办了婚礼。

在这之前，我们没有举办过花园婚礼。婚礼的创意来自这对新婚夫妇，创意十足，众多朋友都来参加了这场婚礼。

婚礼前的准备十分烦琐。还好，盛开的花朵也寄予了新人祝福，婚礼举办得十分成功。

①东方罂粟
②牛舌草
③独尾草
这时正好迎来参观的高峰期，每个人都十分繁忙。

新娘的手捧花中加入了上野农场种植的花朵，由擅长花艺的兼职女孩帮忙制作。新人还种植了纪念树。

喜爱玫瑰的母亲精心照顾的花坛。

6月25日

粗放管理的食材花园

这个时节，大家都在庭院和店铺中奔走，上野家的蔬菜因此变得无人打理。不是"野草丛生粗狂花园"，而是"粗放管理的食材花园"。（这片菜地一般不对外开放，非常抱歉。）

惊喜来自太迟采摘的生菜。生菜的顶部持续生长，居然长成了荷叶边裙摆的样子。各种颜色的生菜，看起来就像是生菜的舞会。

这之后呢？当然是全部吃掉啦！

毛地黄和翠雀鲜艳的颜色中和了玫瑰的白色。

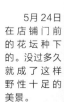 5月24日在店铺门前的花坛种下的。没过多久就成了这样野性十足的美景。

"这是什么！"太迟采摘的生菜让人不禁惊呼。

庭院劳作不可缺少的物品

我十分关注园艺围裙。穿上围裙后，总觉得身材看起来更好了。而且围裙使衣服整体看起来更和谐，所以我总是穿戴着围裙。常使用的是系在腰上的围裙。这种围裙不会给肩膀造成负担，很适合劳作时穿戴。

因为常需要佩戴工具在花园里走动，所以带口袋的围裙会非常实用。有的咖啡厅围裙使用的布料非常好、设计也好，所以我并不拘泥于园艺围裙。

我对于园艺劳作中的时尚穿着并不算十分热衷。但是，因为一整天都要穿着这套衣服，即使知道会弄脏，比起"不容易弄脏"的衣服，我还是会选择穿着自己喜欢的衣服工作。

7月7日
花与音乐的协奏

上野农场有个惯例。

为了感谢来访者对上野农场的支持，我们会举办一场花园演奏会。当地的创意家们还会摆摊，售卖自己制作的杂货、甜点或种植的蔬菜。那一天的上野农场就像是庙会般热闹非凡。在2007年，我还邀请了母校的管弦乐团来上野农场演出。

总共有101名乐手参加了本次演出，是这个乐团演出人数最多的一次。花草们听着优美音乐，似乎比往常更加娇艳了。

演奏也不仅仅有歌曲，还有热闹的舞蹈和表演。青春活泼的高中生，真有着比花朵毫不逊色的活力。

衬托出翠雀、牛舌草色泽的柔毛羽衣草。只有北国花园才能孕育出如此鲜艳的花色。

这个时节，也是种植新苗的季节。就算是宿根植物，也会枯萎或者因为植株老化而不开花，所以我们会寻找空隙添加新的植物。草坪也生长得十分旺盛，但需要定期修剪。

总之，7月的庭院让人忙得停不下来！

大部分宿根植物在当年都不开花，要到来年才能看到花朵。但是在北国，人们还是会尽早地把花苗种在地里，让植物在冬季前长得更加健壮，以抵御严寒。为了保持草坪的平整，每个星期都需要修剪草坪。

集中种植毛蕊花、萱草等开黄色花朵植物的区域。柔毛羽衣草的柠檬黄色为庭院带来清爽的感觉。

毛地黄、蓝盆花、风铃草等植物看似随意地栽种在这里。

上野农场

爱的动物剧场

在上野农场，动物之间有着超越种族的良好关系。有时，还会看到它们召开集会，好像在一起商量着什么。

"后山的树莓好像可以吃了""小孩子会追着我们跑，要离他们远点"——诸如此类的对话说不定就发生在它们之间。大家如果在农场内看见这些动物们，请悄悄地守护它们吧。

不管是蔬菜还是花朵，都不忘分享的两只兔子。最喜欢的是庭院中开放的洋甘菊。庭院中的洋甘菊如果突然消失了，大抵是它们的杰作。

形影不离的兔子夫妻"满作"和"小瞳"

这对兔子夫妻"满作"（公）和"小瞳"（母）的甜蜜程度简直要超过人类，真的是非常要好。

在庭院里看到它们，总让我觉得非常治愈。心情烦躁的时候，看到它们就觉得心里暖暖的。放养对于兔子来说是有点让人难以想象的饲养方式，但它们从来不会乱跑，一直住在上野农场附近。

春季生下来的几只小兔子已经送给了新的主人，它们繁忙的育儿生活也随之告一段落。重新回归二人世界的两只兔子，不管何时都形影不离。

热爱工作的鸡

农场里养着一种叫"峰"的黑鸡和小种矮脚鸡。我和母亲在庭院里劳作时，这些鸡总是跟在我们身后。它们的目标是蚯蚓。挖土时出现的蚯蚓是它们最爱吃的食物。我只要一用铲子铲土，小鸡们就立刻围过来，这场景就像是在捣年糕。"捣年糕啊，翻面再来——嘿哟、嘿哟"，就像是捣年糕人和翻年糕人的配合，人类和鸡的配合也是如此。这样的情景每天都在发生。

虽然说小鸡们给庭院劳作带来一些麻烦，但是它们也会帮忙把栖息在草地中和庭院里的害虫吃掉，所以它们可以算是庭院劳作的好帮手。

为了土壤肥沃，我内心里是不希望它们把蚯蚓吃掉的。

刚在庭院里支起香豌豆用的支架，小鸡们就迅速把它占领。变成名副其实的"鸡笼"了。

待在纸箱里的杂种鸭。它们和"莫莉"的关系也十分友好。

杂种鸭群也在庭院中悠闲漫步。

大家的新伙伴"小梦"和"小花"

杂种鸭群迎来了新的伙伴"小梦"和"小花"。一开始，它们有些害怕前辈"莫莉"和其他动物，现在已经完全融入集体了。

"莫莉"担当了类似保安的工作，人类如果太靠近杂种鸭群，它就会上前威吓。有时候还会用嘴啄人。这真的很痛……

被大鹅"莫莉"的爱守护着，虽然种族不同，小动物像一家人一样愉快地生活在上野农场里。

小狗"雷欧"因为会追着其他小动物跑，所以有点被大家讨厌。

看得出来，它非常想和大家一起玩耍……

总是在远处羡慕地看着大家。

绿手指园艺研修之旅

Hokkaido

Eniwa
Tomakomai

2018年

夏秋花园拜访

北海道园艺研修之旅

《Garden&Garden》杂志社（《花园MOOK》日文版出版单位）与绿手指园艺编辑部精心策划，为花友推出最为细致、地道、轻松的日本园艺研修之旅。行程涵盖最地道的私家庭院、著名花园，并包含特色交流、温泉泡汤、五星级美食等独家行程安排。

7日之旅

■ 绿手指园艺北海道研修之旅的亮点

1. 北海道知名花园深度游览，与花园主现场交流

· 北海道园艺界女神上野砂由纪带领游客参观上野农场、风之花园，并交流花园创作过程。

· 与银河庭院主人共进午餐，参与玫瑰摘采、胸花制作、玫瑰果酱制作与品茶。

· 与北海道"Open Garden"协会会长内仓女士交流并参观各地私邸花园。

2. 北海道知名花园，园艺杂货铺一网打尽

· 上野农场，风之花园，银河庭院，各位园艺大师的私邸花园。

· 全日知名园艺商店：各种日式园艺杂货、园艺工具，带您一网打尽。

3. 全程五星级食宿，感受最高端旅行体验

· 北海道的牛奶、和牛、帝王蟹、芝士火锅、雪水融化酿制的啤酒，每顿都不一样的美食盛宴。

· 入住全日本早餐排名前十的酒店及五星级温泉酒店。

咨询电话：

027-87679461
027-87679448

周一到周五9:00-17:00
等候您的来电！

报名方式：

发送姓名、联系方式、身份证号至
green_finger@126.com
名额有限（15~20人），预订从速！
预订需付5000元定金，请您通过以下方式付款到我方：
1.开户名：武汉绿手指文化传媒有限公司
开户行：交通银行武汉洪山支行
账号：421860406018800011518
2.支付宝付款账号（付款时请注明日本园艺研修之旅）
hbkjtm@126.com 湖北科学技术出版社有限公司

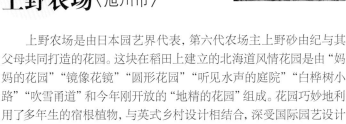

Spot 1
上野农场〈旭川市〉

上野农场是由日本园艺界代表,第六代农场主上野砂由纪与其父母共同打造的花园。这块在稻田上建立的北海道风情花园是由"妈妈的花园""镜像花镜""圆形花园""听见水声的庭院""白桦树小路""吹雪甬道"和今年刚开放的"地精的花园"组成。花园巧妙地利用了多年生的宿根植物,与英式乡村设计相结合,深受国际园艺设计界好评。

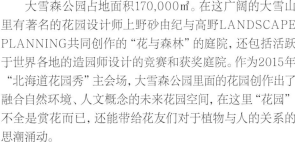

Spot 2
大雪森公园〈旭川市〉

大雪森公园占地面积170,000㎡。在这广阔的大雪山里有著名的花园设计师上野砂由纪与高野LANDSCAPE PLANNING共同创作的"花与森林"的庭院,还包括活跃于世界各地的造园师设计的竞赛和获奖庭院。作为2015年"北海道花园秀"主会场,大雪森公园里面的花园创作出了融合自然环境、人文概念的未来花园空间,在这里"花园"不全是赏花而已,还能带给花友们对于植物与人的关系的思潮涌动。

Spot 3
风之花园〈富良野市〉

风之花园是拥有2000㎡面积的英式花园,曾是拍摄电视剧《风之庭院》的舞台。为了拍摄这部电视剧花费3年时间所造的"风之庭院",栽植了20,000多株适应北国气候的宿根草品种。每个季节所开放的花卉有365个品种。

花畑小路的深处有屡屡出现在电视剧中的"绿色温室",就像剧中的情景出现在现实中来迎接游客。电视剧拍摄结束,又经过了几年的光景,日渐成熟的风之花园已成为充满北海道魅力的园艺名地。此处由上野砂由纪女士设计监造。

Spot 4
富田农园〈富良野市〉

富田农场是富良野地区的知名赏花盛地，近年北海道薰衣草观光必去景点。富田农场的名称来自第一代农场主人富田德马的姓。1903年时，富田德马先生在北海道富良野这个地方开设农场。到了1958年，第二代农场主人富田忠雄与妻子为了培育香料用途的薰衣草而开始种植薰衣草田。后来又因为日剧《来自北国》以富良野市为舞台而名声大噪，成为日本知名的观光景点。

Spot 5
银河庭院〈惠庭市〉

银河庭院占地10,000㎡，是30个连续不断的主题设计组成的英式花园。由英国著名的造园家，曾在英国皇家园艺学会举办的花艺展上荣获6次金奖的Bunny Guinness设计监造。1000多种植物根据设计主题和季节不同展现其最佳表现形式，令人流连忘返。

Spot 6
私家花园拜访〈惠庭市〉

位于北海道的惠庭市是一个非常特别的地方，当地居民们会向游客开放自家后花园供人参观，而这正是这座英文名为"Garden City"的惠庭市的城市规划！30年来，惠庭居民们会以"Open Garden"的方式，将自家花园开放给来自各地的花友参观，而《Garden&Garden》杂志会精选最具特色的"Open Garden"供中国花友拜访。

2018北海道园艺研修之旅全新日程

第一天

上午

8：15中国上海浦东机场起飞
12：30日本札幌新千岁国际机场

下午

乘机场观光大巴前往酒店
自由活动，调整休息
晚上举行欢迎晚宴

第二天

上午

酒店用早餐
ECORIN村参观
玫瑰酱制作与玫瑰茶品尝

下午

银河庭院参观

第三天

上午

酒店用早餐
上野农场参观，上野老师讲解

下午

拜访大雪森花园

第四天

整日

酒店用早餐
十胜千年之森特别参观
入住十胜川温泉酒店

第五天

整日

酒店用早餐
前往札幌，参加2018札幌美食节
以北海道·札幌的美食为主题。当地特
产和北海道秋季的美味集结。

第六天

上午

酒店用早餐
小岩山花园参观

松藤老师讲解

下午

小别墅花园参观

第七天

整日

乘大巴前往新千岁机场，
搭乘国际航班回国

日本国际
玫瑰展经典回顾

　　从 1999 年就开始举办的"国际玫瑰展"，旨在介绍世界级的玫瑰品种和展示各式各样的园艺魅力，为人们带来与众不同的新生活体验。每年在展会上都会展出约 100 万朵玫瑰，是日本国内最大规模的玫瑰盛典。日本的玫瑰展在玫瑰发烧友的眼里被认为是遥不可及的"圣地"，这一次由绿手指编辑部带着花友们亲身前往体验。

　　如何到达：

　　1. 在东京"池袋"站搭乘 JR 山手线（高田马场站方向），在西武线换乘。

　　2. 在"西所沢"站搭乘东京西武池袋线到西武狭山线"西武球场前"站下车。

　　3. 参加绿手指研修旅行团可由大巴直接送达。

文/陆蓓雯

图/陆蓓雯、Garden Joy

　5月12日是研修团到达日本的第二天，一早我们便迫不及待地从成田市搭乘大巴前往位于埼玉县所泽市的西武王子巨蛋球场，我们在下午1点左右到达了目的地。正式展览在13日才对外开放，于是在日方《Garden&Garden》编辑部的帮助下，我们有幸得到了只对内部从业者开放的特权，亲临国际玫瑰展的开幕现场。

Tips:

　可别小看这个特殊"照顾"，在人流非常小的前一天花友们可以尽情品味、学习日本的得奖园艺作品。

法兰西风情的玫瑰展

相信读者们在看到本次特辑的三色花展海报时，第一眼是不是会联想到法国的国旗。没错，这一届的玫瑰展主打法兰西风情——让我们来一饱眼福吧！

约瑟芬皇后钟爱的马尔梅松城堡玫瑰馆

被称为"近代玫瑰之母"的约瑟芬皇后（1763—1814）是法国拿破仑皇帝的第一任妻子。

作为受尽万千宠爱的皇后，拿破仑花巨资为她买下了位于巴黎郊外的马尔梅松城堡并奢侈至极地将其改造为行宫。约瑟芬非常崇尚自然的英伦田园风，于是用12根石灰柱子搭建出巨大的温室。她从世界各地收集了约2000种植物种植在城堡里，其中仅玫瑰的品种就多达250种。尽管被批判为"浪费家"，但她在推动现代玫瑰的诞生上有着功不可没的成就。

园艺设计师吉谷桂子设计的约瑟芬皇后的花园，运用象征希腊和罗马时代的装饰，以玫瑰园为中心，用自然多彩的植物们描绘出皇妃所钟爱的自然花园。

穿着宫廷服装的约瑟芬皇后

皮埃尔 – 约瑟夫·雷杜德
(Pierre-Joseph Redoute)
的画廊

　　本次展览同样展出了被誉为"花之拉斐尔"的雷杜德的"玫瑰图谱"。在担任约瑟芬花园宫廷画师期间，他以一种"将强烈的审美观加入严格的学术和科学"的独特绘画风格记录了170种玫瑰的姿态容貌。雷杜德一生专注于绘画玫瑰，而玫瑰也让他成为旁人无法超越的存在。

克里斯汀·迪奥（Christian
Dior，简称 Dior）芳香的花园

　　喜欢时尚的朋友们也许会发现 Dior 的作品中永远充斥着玫瑰的主题：玫瑰碎花、刺绣、浮花织锦和各种各样的玫瑰首饰，等等。

　　英式庭院设计师 Mark Chapmar 为大家展示了 Dior 所钟爱的格兰维尔花园：以儿童时期的花园为模型，巧妙融合了温室、凉棚、长凳、玫瑰花架以及水池等建筑，再搭配上松树、柳树、香草、老鼠簕、铃兰等花色鲜艳的植物。

　　Dior 与玫瑰结缘于法国诺曼底格兰维尔（Granville）的罗盘（Rhumbs）别墅，从小他的父亲便在园内种植玫瑰。玫瑰的色彩、香味、柔美的线条深深印入 Dior 的灵魂里，成为他设计灵感的源泉。

京阪园艺的展台前

玫瑰大神们推荐的玫瑰品种

看完了玉置老师的介绍之后大家是不是又心动了呢？很可惜，其中某些品种可是 2016 年第一次在世界上公开发表的，所以花友们或许难以购买到。不过没关系，一心为花友们着想的小编带来了此次被各大主要玫瑰展商们强烈推荐的玫瑰，想要入手新品或推荐款的"玫瑰控"们可千万不能错过！

蜻蜓
F&G Rose 京阪园艺

直立型灌木，花朵直径约8cm，株高约1m，四季开花。

花色会从深紫丁香色逐渐变为淡银色，是带有成熟风情的玫瑰。波浪边的花瓣仿佛蕾丝边一般，富有大马士革香味。枝条上能开出许多花朵，是成簇开花的品种。

杏
F&G Rose 京阪园艺

直立型灌木，花朵直径约8cm，株高 1~1.2m，四季开花。

花朵蓬松且杏色中带有些许粉色的花色，是一款给人温柔感的玫瑰。荷叶边般的花瓣一层层包裹住，令花朵显得十分饱满。

花形优雅，即使在夏季也能开出非常美丽的花朵。四季开花性非常好。

香织装饰
F&G Rose 京阪园艺

直立型灌木，四季开花，花朵直径8~10cm，株高约1m，冠幅约0.8m，强香。

花色会从杏色变为珊瑚红色。有横张性但不会过于伸展，株形紧凑，适合盆栽。

日本国际玫瑰展优秀作品展示

种类繁多的玫瑰固然令人眼花缭乱，但不要忘记展览还有另一大看点，那就是竞赛的得奖作品啦！有许多花友不远千里到会场来学习观摩如何将各种花卉植物运用得淋漓尽致的设计。这么专业的设计完全震撼到了初次看见的花友们，从每一个角度看过去你都会发现不一样的景致，小到装饰的花器和小物，大到植物的选择运用，每一处都是设计师们精心雕琢出来的场景，真是"横看成岭侧成峰"啊！让人恨不得全部挪回家。

在欣赏挑选出的作品之前，让我们先了解下竞赛的相关信息吧。竞赛主要分为四大类：花园设计、悬挂花篮设计、切花玫瑰和盆栽玫瑰。每一个展台都会有看板来介绍设计师及团队等信息。评审员们会根据每一届的主题，同时从花园的设计、造园的技术、植物的品质状态等来综合评价作品。

- 大奖：1部作品 奖状及300万日元奖金（由日本国土交通大臣亲自授予）
- 最优秀奖：2部作品 奖状及奖金（A类花园：120万日元；B类花园：30万日元）
- 优秀奖：4部作品 奖状及奖金（A类花园：40万日元；B类花园：15万日元）
- 特别奖：2部作品 奖状及奖金（A类花园：30万日元；B类花园：10万日元）
- 入围奖：奖状及奖金

A类花园：7.2m x 3.6m=26m^2

B类花园：3.6m x 2.4m=9m^2

2016年获得大奖的作品：小屋、鸡和蓝天

花友们最喜爱的作品

在 2106年的参赛作品中有一个搭建成两层的花园。这个设计的与众不同之处在于把几座不同类型的花园组合成为一座综合的社区花园：厨房花园、玫瑰花园、香草花园、日式花园、水池花园等等。在这个如同堆叠积木般的集装箱式花园里，各种主题的小花园都能在这部作品中看到。

由于我们无法爬到上层去仔细观看，因此这里贴出局部玫瑰花园的设计。所谓方寸之间以小见大，如果家里的院子或露台不够大的花友可以拿来参考哟！

白漆做旧的铁门上攀爬着典雅的白色玫瑰，底部则种植了粉色的毛地黄、紫色的草本和耐阴的玉簪等。往里探去，柔美的灯光下精致的沙发和深紫色的矮牵牛显得十分和谐，一股浓浓的复古气息扑面而来。

若无闲事挂心头，便是人间好时节

英伦风格的印花座椅以及多肉组合的小盆景，不禁让人想被花朵们拥抱，配上一壶好咖啡，偷得一下午美好时光。

A-18 集装箱式花园——花园的积木（Garden Bricks）

Attic garden + 岸田建工 + 若宫工业

花友们最喜爱的作品

熊谷农业高校 项目组

与玫瑰生活的18年——
everyday life

在国内，大多数18岁的高中生应该还在为学业而奋斗或是忙于各种技能考级吧，无法想象还在花样年华里的他们，心中的花园是怎样的一番面貌。然而，相比之下，日本的年轻一代却专注于兴趣爱好的开发，从小就一直被日本的园艺文化熏陶着，这个由高中生们设计的玫瑰花园让我们可以一瞥他们的园艺之梦。

乍看之下是一个富有童话趣味的院子：二楼悬挂的衣物、用干花装点的楼梯面。红色屋顶的小屋，还有屋前缀满玫瑰的水池和栅栏处的花境，等等。这部作品无论是从远处还是近处欣赏，都表达出孩子们童年嬉戏的场所和色彩斑斓的童年。

在现场吸引不少花友眼球的组合花境，运用了大量颜色靓丽的花卉植物（百合、百日草、六倍利、金光菊、玫瑰、老鹤草等）和多彩的观叶植物（蕨类，玉簪等）。丰富的色彩和植物美丽的线条姿态能够轻易地吸引孩子，让他们对园艺产生兴趣。待到孩子们长大后又会添加自己喜欢的植物。

展会的魅力

如果让小编用几个字来描述下每届会展的话，只能用"一言难尽"来形容了。要看的东西太多太多，除了参赛作品还有许多店铺在展会期间销售他们家的产品（山野草、铁线莲、石斛、牡丹等）。

没有绣球的夏天在日本可算不上真正的夏天哦！绣球的品种实在太繁多了：'万华镜''卑弥呼''爆米花''花手鞠''镰仓'等，《花园 MOOK》之后会推出讲解的特辑，花友们敬请期待！

谈到玫瑰，怎能少了与其绝配的"藤本皇后"——铁线莲呢，小编在现场看到了目前在日本流行的铃铛系列。

日本人习惯用"立如芍药，坐如牡丹"来形容女子的姿态美。

园艺用品 + 杂物篇

日本人用"爆买"一词来形容中国买家一点也不为过，如果实地看到他们销售的植物品种、园艺工具和杂物装饰品的话，真是恨不得全部打包扛回家。小编在玫瑰摊位上购得的铲子和半袖手套不仅结实耐用，而且非常美观。在西武王子球场外的外围摊位上也有许多可以买到大型装饰杂物的店，耐心的"淘宝"一下也许会得到意想不到的宝贝呢！

玫瑰摊位上销售的专用肥料和培养土。会场上还有适用于多肉、兰花、铁线莲等植物专用土哦！

晒下花友淘得的"青蛙王子"，手工焊接，制作精美，是在国内难得一见的。

外观简单却设计巧妙的玫瑰枝条专用固定夹，也适用于其他藤本植物。

巴黎小路
La Rue de Paris

巴黎街角的花店

展览会的一角，有一条同时拥有花店和杂货店的巴黎小路，洋溢着浓浓的巴黎风情

摆放在店门口的鲜艳玫瑰以及眼花缭乱的鲜花令行人驻足不前。店内的家具和摆设都是专门从古董市场挑选出来的。用玫瑰和宿根草装饰的花坛完美融入周围的景色中，散发出都市庭院的味道。用旧材制作而成的长凳也是提供人们休息赏花的好地方~~

日法混搭的『台阶』

红与蓝的色彩冲击，立体的空间感带你进入魔幻的艺术空间。

行动派艺术家志穗美悦子在花卉艺术中十分活跃。这一次，她为我们带来了用黑白条纹绑带装饰的黑白面板和镜子组成的时尚异度空间。在展台的中间摆放着白色的沙发，周围则用蓝色、白色、红色三色玫瑰来灵活表现出三基色。此外，有着日式风情的摆设更增添了一份精致。坐在沙发上的人能看到各面镜子中自己的身影，空间的魔法让人如同身处在不可思议的国度。

NHK 趣味的园艺 50 周年特别展
让我们一起享受园艺的乐趣吧

草花组合种植的花坛搭配上藤本月季，组成色彩丰富的花园展台。

在50年期间介绍的植物，随着时代的喜好不断变化。但是无论哪种植物，它所带来的种植和开花的喜悦常驻人们的心中。国际玫瑰展已经历了18个春秋，喜爱玫瑰的人们不断增加，于是在《趣味的园艺》里也诞生了许多玫瑰的讲师。

这次由《趣味的园艺》中最具人气的6位讲师一起合作，将最棒的玫瑰推荐给大家。现场有以"用植物来展现巴黎蛋糕店色彩斑斓的马卡龙橱窗"的想法为概念而制作的花园。

曾在节目中介绍的植物们以及各种实用的搭配种植技巧均浓缩在花坛里。

趣味的园艺作为日本家喻户晓的一档园艺电视节目，深受民众的喜爱，小编在逛日本书店的时候，几乎在每一家店面的NHK杂志专属书架上都能发现它的身影。

让我们先来看看有哪些特别的节目吧！
《趣味的园艺50周年园艺谈话直播》

其中，有许多在《趣味的园艺》中广为熟知的讲师们参加！

经营了销售2500种以上的玫瑰花苗的"玫瑰之家"。除了从事育种、生产和销售之外，他本人所培育的"Rosa Orientase Sevilla"大受好评。

大野耕生

负责京阪园艺的玫瑰育种和品种保存，同时也是精通各种玫瑰品种的专家。

小山内 健

三越日本桥（总店）"切尔西花园"的玫瑰顾问。以盆栽为主、配合实践的方法论解说广受好评。

村上 敏

京成玫瑰园的首席顾问。除了参加定期的演讲会之外，在许多杂志和书籍上介绍花草及玫瑰的种植方法。

木村卓功

横滨英国花园的监督，作为个人育种家活跃于园艺界。曾多次受到英国皇家玫瑰协会颁发的玫瑰育种赏。

有岛 薫

宣扬玫瑰无限大魅力的可能性，提出了"将玫瑰融入生活"的风尚。

河合伸志

绿手指花友团和
玫瑰大师们在现场的互动

　　相信无论哪位玫瑰爱好者都一定会对自己心仪的玫瑰品种垂涎三尺吧，感叹世上居然有如此美丽的花朵。为了养好这些宝贝肯定也翻阅了不少关于种植的文章和书籍，绿手指编辑部特地引进了创造出这些"人间极品"的玫瑰大神们的玫瑰种植系列书籍。

木村老师给绿手指的寄语：今天看过本文的读者一定是未来中国的玫瑰文化创造者！玫瑰是最美妙的！

花友们抢着和木村老师合影，请他签名。

木村老师手捧着中文版的玫瑰书籍。

译者小白和原作小山内健老师的合影。

小山内健老师在现场热心地给花友们讲解玫瑰的种植和品种。

小山内健老师的寄语：玫瑰能给人带来幸福，是非常棒的花。

绿手指
GREEN FINGERS

绿手指 "东京国际玫瑰展" 研修之旅

2018 年 5 月 14 日（周一）~ 20 日（周日）6 晚 7 天

No	日期 📋	地点 👤	摘要·交通·住宿 🔍 🚌 🏠	酒店 🏨
1	5 月 14 日	中国 日本东京	搭乘指定航班，抵达日本成田国际机场。 集合完毕后，乘坐班车前往酒店。 晚上举行欢迎晚宴 〖午餐 ×　晚餐○〗	成田酒店
2	5 月 15 日	横滨 热海	乘专车前往横滨 ☆横滨玫瑰园鉴赏 〖早餐○　午餐○　晚餐○〗	热海温泉酒店
3	5 月 16 日	热海 河津	☆ AKAO HERB & ROSE GARDEN 鉴赏 ☆河津 BAGATERU 公园 观光 〖早餐○　午餐○　晚餐○〗	热海温泉酒店
4	5 月 17 日	西武球场 东京都内	☆东京国际玫瑰展 VIP 观览 & 开幕式出席 〖早餐○　午餐○　晚餐○〗	东京酒店
5	5 月 18 日	东京都内 琦玉县	☆ Flora 黑田 & 园艺店 〖早餐○　午餐○　晚餐○〗	东京酒店
6	5 月 19 日	千叶县 成田	☆京成玫瑰园 & 园艺店 〖早餐○　午餐○　晚餐○〗	成田酒店
7	5 月 20 日	日本东京 中国	由成田机场乘国际航班回国	

报价 :15800 元 / 人（不含机票和签证费用）
报名方式：

发送姓名、联系方式、身份证号至 green_finger@126.com
名额有限（15~20人），预订从速!
预订需付5000元定金，请您通过以下方式付款到我方：
1.开户名:武汉绿手指文化传媒有限公司
开户行 : 交通银行武汉洪山支行
账号：421860406018800011518
2. 支付宝付款账号（付款时请注明日本园艺研修之旅）
hbkjtm@126.com 湖北科学技术出版社有限公司

楼斗菜'诺拉巴洛' **品种 CHECK!**
深粉色的花瓣尖端渐变为白色，
个性的花色深富魅力，株高
70~90cm。

西洋楼斗菜的世界

娇美的姿态和丰富的花色简直是黄金组合，魅力无穷的西洋楼斗菜拥有众多
忠实的拥趸。播种和移栽在春季和秋季最合适，让我们的花园都开满可爱的楼斗
之花吧。

有着丰富多彩形态的楼斗菜之花

充满透明感的色泽，纤美的姿态，楼斗菜活跃在各种花境和园子里，它的拉丁文名字"aquilegia（鹰隼）"，就是来自花背后突出的部分——距的形状好像老鹰的嘴。

楼斗菜广泛分布于北半球的温带地区，一般把日本原产的品种叫楼斗菜，欧美原产的品种叫作西洋楼斗菜。楼斗菜富于野趣，给人清纯的印象，而西洋楼斗菜的距更明显，花多，颜色也更加丰富，有重瓣和单瓣品种。无论哪种花都不是太大，但是具有独特的存在感，即使在远处也非常醒目。根据品种不同，株高20~90cm，株高较低的品种适宜种植在花坛前方或是盆栽，较高的品种适宜种在花境的后方。在植株基部伸展的花叶还可以起到地被的作用。

楼斗菜虽然被分类在宿根植物里，但一棵植株的寿命较短，通常只有两三年。它结种性好，建议用种子来更新。在庭院里自播的种子会发芽，在意想不到地方长出新苗来。播种的适宜时间是春季和秋季，也有各种大小的花苗出售，可以参考后页的介绍购买。让我们在众多的品种中选择心仪的一款，进入楼斗菜这个微小而又深奥的世界吧！

关于西洋楼斗菜的距

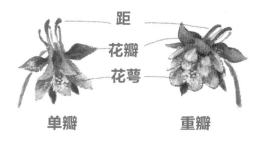

距
花瓣
花萼

单瓣　　　　　重瓣

花瓣伸延到花萼背后的珍稀花形，细小的花瓣一部分变成
了距，有弯曲的和笔直的不同类型，也有的品种几乎没有距。

重瓣花的
魅力所在

华美与纤细共存的重瓣楼斗菜，花瓣数层重
叠的样子，好像芭蕾舞裙一般可爱。

**Hint 1　重叠的花瓣
映衬出旁边的阔叶**

'红巴洛'在玉簪旁边挺立出纤细的花茎，以
玉簪这样形态不同的阔叶作为背景，越发突显出纤
美花瓣的动人身姿。

'宝塔淡蓝'

　　花瓣反卷，圆滚滚的花形非常讨喜。'宝塔淡蓝'是'宝塔'系列的一种，气质高雅的花色把周围的气氛调整得非常好。

Hint **2** **雅致的白色与深紫色演绎出成熟的娇美**

　　'白巴洛'和'黑巴洛'的对比造就雅致的风姿。为同时开花的筋骨草和福禄考增加了空间的深度。

Hint **3** **富于野趣的花姿让植栽万分可爱**

　　在种植玫瑰的专区里加上'红色港湾'，更添丰满。红和紫的艳丽色彩因为西洋耧斗菜特有的娴雅姿态得到了缓冲。

发挥优美的波浪效果

　　花径小，整体紧凑的重瓣花，即使一朵也显得存在感十足。也有很多高株型品种，可以舒缓紧张感。

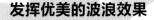

'蓝巴洛'

　　深沉的蓝色洋溢着静谧的气氛，花瓣配以同色的花萼，更增添了丰韵。

Hint **4** **利用不同株高、同样颜色的花来制造线条感**

　　'宝塔淡蓝'的周围种植了弥补脚下空间的鼠尾草，从紫色到蓝色的变换，仿佛花带般令人印象深刻。

花萼和花瓣的颜色组合也非常出色。

与互补色的小花组合，清爽的大花非常醒目，给人深刻印象的互补色组合。以地毯般伸展的勿忘我为背景，深浅不同的柠檬黄色的花萼和花瓣光彩照人。

单瓣的魅力

仿佛大型羽翼般张开的花萼，长长的花距，单瓣花中个性鲜明的品种也很多。这也正是只有在花色丰富的西洋耧斗菜身上才能看到的独特魅力。

横向上开

花萼大，好像花瓣一般的品种，花朵横向或向上开放，这是品种丰富的西洋耧斗菜特有的开花方式。

以硕大的花萼为焦点

花色丰富的西洋耧斗菜中，容易吸引眼球的是花萼硕大的品种，和花瓣的对比非常醒目。

'八音鸟·蓝鸟'

'八音鸟'系列的特点是有着大型的萼片，花径约9cm，本品以它特别的透明蓝色而著称。

个性化的双色花，不逊色于玫瑰的存在

花萼和花瓣颜色不同的'大麦卡纳'即使种在玫瑰前方也非常吸引眼球，适合搭配玫瑰拱门和株形较高的品种形成立体的植栽。

'大麦卡纳'

硕大的花萼和颜色不同的花瓣组成对比色，非常美丽。株高约60cm，比较高，可以作切花欣赏。

以观赏草为背景强调出艳丽的一笔

以流线形的草类为背景，'红霍比特'仿佛从草丛中自生出来一般，低矮的品种要注意避免被周围的植物掩盖掉。

发挥个性的品种

仿佛害羞般向下开花的姿态，非常适合自然派的栽种风格。考虑到背后的身影，欣赏有特色的花距也是一种观赏的窍门。

Hint 1 富有分量感的群植，点缀容易显得寂寥的地面

仿佛覆盖住树木脚下一般种植的'彼得市长'，西洋耧斗菜不耐强烈日照，树木脚下是适合的栽植场所。

'小灯笼'

好像麦秆一般细长的黄色花瓣，到距的部分变成红色，和红色的花萼重叠，仿佛戴了一顶小红帽，娇小可爱。

'彼得市长'

花瓣有厚度，即使是单瓣花也可以发挥出分量感，群植效果很壮观。特别是干净的白色让人想起高原的纯净空气。

Hint 2 种植在园路的前面，让人忍不住凑近去爱抚低垂的小花

园路和花境里，低垂的小花仿佛隐藏般种在前面，根部繁茂的叶片可以发挥覆盖地面的作用。

close up

西洋耧斗菜和日本耧斗菜

娇美可爱的耧斗菜，不论是西洋风庭院还是和风庭院都很适合。日本自生的耧斗菜，在海外的庭院也可以见到不少。日本耧斗菜基本都是白色花和蓝色花，适合各种颜色的花器的单纯美，可能是它人气的秘密所在。

在英式庭院里见到的深山耧斗菜，单独种在红砖墙上的石槽里，将坚硬的素材烘托出柔美感。

现在就开始栽种！
和西洋耧斗菜的相处方式

春季和秋季是耧斗菜花苗上市的时节，也是播种的时候，可以说是正适合开始栽培的时候。有人会认为它寿命短，不好管理，其实只要环境适宜，把握三个要点，就可以充分发挥出西洋耧斗菜的魅力来。

1 要点是日照和通风
种植场所

西洋耧斗菜喜欢日照和通风都好的环境。但是不耐炎热的直射阳光，夏季最好放在阴凉的树荫下。用花盆栽培的话，也可以移动到屋檐下。它适合西洋风庭院和和风庭院，而且本身就原产于岩石地带，所以也推荐岩石园种植。

2 准备排水好的基质
土和肥料

西洋耧斗菜的原种是生长在高山岩石堆里的，所以要准备和原生环境类似的排水良好的基质。小颗粒赤玉土混入三成的腐叶土就非常理想。施放基肥会让叶片过于繁茂而密闭不通气，所以基本不需要，只在花后追肥即可。

理想的种植环境是避免夏季强烈西晒的落叶树下。在容易显得寂寥的树下栽植，庭院整体的氛围也会提升。

3 慢慢培育还是立刻欣赏？
播种和种苗

播种的适宜时期是在秋季和春季（参照日历），把吸水后的种子播撒在苗床上，稍微覆土，3个星期到1个月发芽，在这期间注意不要让土干透。真叶长出3~4枚后可以定植。定植后到开花的时间不等。可以说春播是稍微捷径的播种方法。如果买现成的花苗，则可以当年看到开花，性急的人可以直接买苗。

里面储存的种子在种荚干燥变成茶色后就可以采收。种子在播种前要放在避免阳光直射的阴凉干燥处收藏。

种荚

西洋耧斗菜的栽培日历

	1	2	3	4	5	6	7	8	9	10	11	12
生长状态			叶片	花			种子					
播种												
定植			种子									
施肥			基肥			施肥				基肥		

Stylish Garden

选用高大树木、有弯曲枝条的杂木
和随风摇曳的植物，用墙称专家的技巧，
让住宅被润泽的绿意温柔包围。

探访具有设计感的庭院

用魔法般的技巧，为庭院带来"森林的风景"。
风靡日本全国的住谷
宽敞的宅邸兼设计室，虽然空间不大，
却被他们精心打造成绿意盎然的庭院。

每天都能享受森林浴。
强调自然感觉的园艺设计师。

大阪府 住谷弘法先生 京子小姐

（上）从上往下看到的台阶木板。爬藤植物和陈旧的木板仿佛融为一体。

（左）贴着蜂蜜色石板的墙壁和铁艺扶手很适合搭配植物，形成自然的风景。

从阳台往下看台阶。为了营造自然感而加入的观赏草给人轻盈的感觉。

种植高大树木和爬藤植物，在狭小的空间内打造立体花园

　　远远望去，仿佛是一间伫立于高原上的精致洋房。创造出这种风景的，是专门进行庭院设计和施工的"杉景工作室"，而这间房子则是创立"杉景工作室"的住谷夫妇的住宅兼设计室。住谷夫妇的设计理念是"在庭院中打造仿佛从山林中截取的风景"，他们的设计在日本受到了热烈的追捧。由夫妇二人和从事建筑行业的儿子共同设计而成的这间住宅，有如此的风景也不足为奇了。很难想象，这间被绿意包围的房子是建造在大阪郊外仅165m²的空地上。

　　植物只种植在房子与道路间狭小的土地上。在这样的条件下，能创造出森林般风景的关键在于：弘法先生最擅长的高大树木的种植，紧邻着房子种植了各种类型的杂木和针叶树。

　　弘法先生说："因为喜欢自然的树形，我特意选择了青栲（Fraxinus Lanuginos）等杂木，意在打造自然风格的庭院。"这些树木的枝条伸展至二楼、三楼，在房间里都能欣赏到美丽的树叶。高大树木的底部，摆放着加拿大唐棣、绣球、油橄榄树等四季分明的中小型树木盆栽。阳台栏杆和楼梯扶手使用了映衬植物的铁艺制品。外阶梯上缠绕的爬藤植物引导着视线向上延伸，焦点是阳台上美丽的花草。各种植物以这种立体的方式装点着这间住宅。建筑物的外墙和阶梯都选用了自然的素材，与植物融为了一体。

（上）通向二楼的阶梯上，牵引着野海茄等藤本植物。开花时节仿佛一条花的彩带。高大树木的底部摆放着盆栽植物，让上下空间连为一体。

（左）在天空划出美丽圆弧的是二楼的阳台。庭院种植的树木延伸到二楼，和阳台的花草相互呼应，从室内往外看让人赏心悦目。

窗户外的树木为客厅投下清凉的阴影。在屋内，可以尽情欣赏青㭴（*Fraxinus Lanuginos*）美丽的叶片。高大树木的枝条被精心修剪，营造出轻柔的效果。

从植物间隐约探出的古旧名牌。

住谷家客厅的窗户呈现优雅的弧线，给客厅带来独特的氛围。阳台上盛开的花朵外面，是随风摇曳的树木，这样的风景让人瞬间忘记这是在大都市的住宅区内。外阶梯连接的二楼玄关和阳台上种植的花草，是凉子小姐的杰作。在工作上，凉子小姐主要负责的也是花草的种植。天竺葵旁高大的观赏草在风中摇摆，凉子小姐喜欢的玫瑰和绣球则为此景添加了鲜艳的色彩。

室内摆放着英国的古董餐桌，让人仿佛置身于国外的家具宣传彩页上。彩绘玻璃、古旧杂货和玫瑰干花相得益彰。

住谷夫妇说："我们家的设计刚好是这种风格。但是在造园或者装修上，我们并不会拘泥于西洋风格或者日式风格。我们追求是让人能感受到大自然的魅力，在装饰上则是倾向于那些用旧了也同样好看的家具。"30多年前，市场上普遍出售的是牵引后笔直生长的树木。那时，住谷夫妇为了追求自然的树形，甚至把山上生长的树木移植到庭院内。最近，住谷夫妇与儿子共同提出了名为"与建筑融为一体的庭院"的设计方案。相信在不久的将来，一定会出现很多这样的"森林花园"。

Stylish Garden

外阶梯通往二楼玄关的小路上，摆放着许多盆栽。素陶的地板砖营造出自然的氛围。

① 阳台采摘的花朵随意地挂在墙上，是巧妙的创意。
② 窗边摆放着古旧的玻璃花瓶与干花，光影交错。
③ 把自己种植的花草也做成干花，在室内再次欣赏。

住谷夫妇同样追求自然野趣，喜欢古旧风格的两个人在工作上也志趣相投。

阳台上种植的栎叶绣球。外形清爽的绣球是凉子小姐喜欢的植物，除此之外还种植了许多其他品种。

仿佛在述说故事的一角。随意插上新西兰麻、薹草、沿阶草、大戟等季节性花草。

或者绣球，装点室内。

染色树皮做成的花朵和染成同样颜色的椰壳纤维，构成了这副美景。还可以加入芍药、玫瑰

超越本来的使用功能制作而成的旧货装饰，
让春季庭院中的植物看起来更加纤细美丽

川本谕老师的
设计课堂

利用市面上买来的涂料，制作出铁锈效果。

川本谕

园艺设计师。经手了许多优秀的庭院和作品。
出版了第一本著作《Junk garden book》

除了排斥油性颜料的材质以外，任何东西都可以制造出这种效果。

打造令人憧憬的做旧风格。

做旧处理提升氛围
那些如诗如画的园艺装饰品

本期，川本老师将为我们介绍装点屋檐和室内的园艺装饰品。久未使用的花盆、在杂货商店便宜买到的白铁水壶，超越了它们本来的使用功能，华丽变身为花园杂货。川本老师说："因为是可悬挂的样式，不论是在屋檐下还是室内，都能欣赏到它们与植物搭配后的美丽风景。"花盆与水壶看起来就像是从跳蚤市场上收集而来的旧货，其实只是经过了做旧处理。

"利用市面上买来的材料，人为制造出生锈的效果，让物品看起来充满魅力。不论是杂货还是家具，有时候会发现生锈后反而更好看。此时，请不要犹豫，自己尝试做旧处理。只需要多一道工序，给人的感觉就完全不一样"。

用线穿过花盆底部的洞，挂上水晶玻璃，制作出风铃的效果。把两个水壶用线串起来，增加存在感。再试着插上庭院中摘来的花草，一起来欣赏这变换的四季风景吧。

优雅感洋溢的
专享幸福花园

Story

A happy garden story only for me

Patrice Julien先生，
请告诉我们

何谓
花园优雅呢？

Patrice Julien先生是一位生活方式设计师，在日常生活中非常重视与植物的互动。

在他家的花园里也充满了幸福与对植物的爱意。

下面，我们就从 Patrice先生的花园生活方式里，寻找优雅的幸福提示吧！

倍受
青睐的
名人花园生活

"用餐，
或是和比兹一起玩，
花园几乎是居室的
一部分"

Patrice's Recipe

田园风格
现制奶酪

● 材料
脱脂乳酪…………200g
鲜奶油…………100ml
胡椒…………1/3 小勺
白胡椒…………适量
香葱…………5 根（切小段）
橄榄油…………30cm

● 做法
将上述所有材料放入大碗中，用打蛋器充分搅拌并打至糊状。冰箱冷藏可保存 1 周时间。

正在准备早餐的Patrice先生笑着告诉我们说："在花园里吃早餐格外美味！"经典的早餐通常是刚烤好的面包和意式咖啡。

花园不仅是用于观赏的，
也是可以融入生活之中的元素

　　这里东西方风格的植物自然舒展，绿色包围着整个空间。在可以望见波光粼粼的水面的宁静空间里，Patrice先生享受着有植物相伴的丰美生活。受到种植花草拿手的母亲的影响，Patrice先生从小就习惯于有花园的生活。

　　"我从小在摩洛哥的家里，住的是那种四周有房子中间围出来中庭的地方。家里的人会自然而然地聚集在花园里吃饭聊天。"正是这样的记忆，使他一直有打开所有玻璃窗通风的习惯。

　　每当天气转暖，与夫人百合一起在木台门廊用早餐、午餐、喝茶或是共同享受下午茶时光是每天必不可少的内容了。

　　"室内与室外感觉一致，花园是居室的一部分"。在绿色和阳光的包围下用餐会让食物更美味。

1 在橄榄树的枝杈上搭配旧鸟笼。用马口铁和各种铁艺杂货打造出室内般的空间效果。

2 木台容易显得风格单调，这里 Patrice先生的精心设计改变了氛围。重要的不是要"装饰起来"，而是追求自然。

3 在放有盆栽'玛格丽特'的铁艺花架旁放有一双木屐，或可让人窥见Patrice先生热爱日本文化的一面。

古董桌椅摆放在门廊木台上。为了显得沧桑而特地选择了做旧效果的木材作为木台板材。

现在渐渐与植物建立起的协调关系，其实在年轻时并不能实现。让人吃惊的是，年轻的时候总是无法与植物和谐共处。

"二三十岁的时候总是以自己为中心，不能从植物的角度去考虑问题。待到心情放松下来一些后，自然而然就和谐起来了。"

在Patrice先生眼里，植物是非常纤细的东西。"它们虽然不能说话，但会告诉你自身的变化，比如突然间叶片黄了之类的。我们需要认真观察并且理解它们"。

到了冬季，如果把已经冷得花容失色的兰花移到温暖的地方，它又会展现出原本的优美身姿了。而每天用心与园子里的月桂树交流，也会有焕然一新的感觉。同时，他还说："植物是懂得爱情的！你用爱来培育的话它就会茁壮成长。"

把植物当作一个有机的客体，不是机械地照顾，而是像朋友一样与它交流，这才是拥有枝繁叶茂的花园的秘诀。

1 以长椅为视觉焦点，在前面种上蓬蓬松松的迷迭香。艳粉色的金鱼草则是花坛中的亮点。

2 充分浇水和充分的情感，一样不能少。"植物是在感受人的感情的过程中成长起来的"。

3 在圆形的陶罐上方放上石头堆砌而形成的小水景很是让人眼前一亮。这种既非日式也非西洋风格的搭配，可以说是各种文化融合贯通后的精彩小品。

"我想，心中悠然涌出的能量
才是真正的奢华之源。"

个人简介

Patrice Julien

1952年生于摩洛哥。生活方式设计师。作为法国大使馆的文化官员于1988年来到日本，其后还曾经营餐馆和咖啡馆，现主持Patrice Julien生活方式设计工作室。曾围绕"简奢为舒适"及"轻法餐"等生活方式发表著作并致力于相关商品的开发。

希望感受更多
植物拥有的治愈能力

可以说，Patrice先生的花园的丰富表情来源于花园的基础架构和自然酝酿出的风情。"放上长椅作为视觉焦点，再搭配颇具深远感的曲线花坛，其他的润饰就放任给自然之手了"。虽然其中的一年生花草需要随季节调整增加，但整体上是遵循植物本真样态的。

虽然有人会觉得打造个性花园比较困难，但实际上每座花园都是可以拥有其特有的个性和性格的。

"有的人喜欢植物繁茂的花园，也有人喜欢清爽的空间，其实这也正是个性花园的开始。而且，花园就像镜子一样，如果这里生机勃勃，那生活也会是有声有色的"。

1 葡萄风信子为园子点缀出春天的气息，旁边是开出许多柔美小花的绣线菊，仿佛是花朵的喷泉。

2 夏季开出黄色小花的金丝桃舒展健壮的枝条，通过种植这样颇具个性的小灌木来打造丰富的空间效果。

3 在脚下悄悄开放的两朵非洲菊。这个品种常见鲜切花，在花园里偶遇则别有风情。

4 在木质露台上孤零零地放了一盆天竺葵，华美却又宁静，更是增加了花园的风情。

与植物一起生活的日子。所谓"奢华"，正是伴随在这样的日常每一天之中的。

"不是消费金钱，而是有关于灵魂。看到玫瑰花色的微妙变化而感受美的瞬间。此时从心中油然而生的感觉才是真正的华美。"

花园是搭档，也是映射自己的镜子，是一个小的宇宙。"花园教会我们要像植物那样，不过度强求什么，而是按照'自己的尺度'生活。只有这样才能体会到最大的幸福。"

倍受
青睐的
名人花园生活
Garden Interview ⑩
特别篇

在古典美中增添
自己的风格

从设计层面开始
严选必需品

学习"减法美学"
再也不要被说"好可爱"之类的话了！

拥有自我风格花园
的新方案

Minimal
**具备机能性的同时
提高设计性**

Color
**抑制使用的色彩
脱离孩子气**

让花园变得精彩的理由

我们的庭院随着年月增长也要变得成熟起来，

不被一些细小的技巧淹没，

不只是"可爱"就好。

那些品味出类拔萃、富有个性的庭院，

它们的共通之处就是"减法美学"。

为了表现出自己的风格，

该抑制的地方就抑制，

才能维持平衡感。

下文的4座庭院就像4个优秀的范本，

让我们一起来探索一下吧！

成功的秘密是隐藏在奔放背后

克己设计

——Y女士

在出了正门不远的地方，就制造出栽植的精彩场景。
只是因为大型的构筑物不多，藤架就格外地引人注目。

从大门开始直角地绕到背后去，直到正门为止的这段道路，是花园欣赏的关键。考虑到了这点，"应该种植些什么呢？就算植物的选择是件乐事，但究竟该怎么种植才好呢？做出抉择对于外行来说还是非常困难的"。

最终女主人决定把设计委托给专业公司。结果令人惊奇，环绕着家的过道摇身一变，成为充满绿色植被的庭院。

更让人赞叹的是，各式各样的植物繁茂生长，整体颜色流畅地配合在一起。其实，在看似奔放的外表背后，还存在着细密的设计。例如通过不同的地面铺装，实现了场景的切换及流动的路线描绘。另外，人工痕迹也被限制在最小限度。

植物也是先估算好成长后的结果，锁定了适宜的品种，才连接成美丽的路线。无处不在而又被细心隐藏起来的人工手法，造就了这条充满自然气息的小径。

只给予一件空间真正必需的物品。正是这样的设计理想让这座庭院变得光彩照人。

1. 追求美好的小径

正因为是这条小路才成就了花园，所以专注于道路的设计。不设置花坛，只在小径旁空余的地方安排种植空间。

鸟澡盆的前面是雨水储存箱。为了不破坏氛围，通道也铺上了同样的砖块，让图案延续。

园路的尽头未必要是直线。从两侧向外溢出的植物与铺装的曲线形成了对比，造就了美丽的角落。

在花园的焦点位置放上鸟澡盆。以此作为分界，枕木和砂石的小径变成砖块。在鸟澡盆的背后，竖立起枕木背景，指引了小路的活动路线。

2. 突显植物的构筑物

为了突显主角的植物，仔细考虑之后构筑物选择了木头和砖块等能够融入庭院的材料，以及轻便铁艺这类有设计感的物件。

门牌也和大门一样是铁艺材质。所有材料都限定为暗色搭配，精心衬托出植物的水润。

把门柱安设得像是停驻在绿意之中。为了让大门没有压迫感，选用了精美的铁艺设计。

在覆盖住金丝桃根茎部的百里香中，暗藏着简易的照灯。除了当作照明灯具，还可以制造光影，夜里会让树影魅力四射地浮现出来。

---

plants list

落新妇属

虎耳科落新妇属。花期是6~7月。株高不足100cm。相对高大的株高，却开出细小又可爱的花朵。

圆锥绣球

虎耳科绣球属。花期是7~8月。株高约50cm。看起来像是花瓣的部分是萼片。花色从白色到淡红色。

一条延续到住宅正门的小径两旁种着白桦树。太阳通过树的枝叶洒下了柔和的光线。

基调是外墙的淡蓝色和树木及草坪的绿色，洋溢着雅致的氛围

——H 女士

大约5年前，H夫妇建造了这座美式住宅。为了把最喜欢的植物映照得更美，外墙的颜色选择了淡蓝色。当时最大的问题是，这是一块位于倾斜悬崖上的土地。考虑到安全性，于是主人把庭院的设计和地基的加强工作都委托给了专业公司。

设计师提出了不安设围栏，打造一座开放式庭院的方案。悬崖的倾斜部分并没有弄平，而是保留了坡度不大的倾斜，加了挡土墙，围栏则采用了吻合家居氛围的白桦树。除此之外的植物，就由喜好园艺的女主人自己负责栽植。

"针对淡蓝色的墙壁，我认为'格拉汉姆·托马斯'十分适合。"

一年生草本植物给花园带来色彩，所以每一年都要决定主题色。这样年复一年的变化让人乐在其中。此外，这个庭院中最重要的草坪也并不是当初就预定好的。铺设好草坪后，现在既可以赤脚散步，也可以躺下仰望星空，可以说生活的范围变宽了。

"在庭院度过的时间一天比一天多了！"

包围住宅的嫩绿的草地让人印象深刻。不设围栏，敢于采用开放式风格的庭院。

玫瑰是女主人最喜欢的植物之一。围墙上是'泡芙美人'（Buff Beauty）及'粉红努塞特'（Blush Noisette），浅色的搭配十分和谐。

因为还在公司上班，所以只好把最喜欢的园艺活动留到周末尽情享受。

1. 包围住外部构造的配色技巧

以淡蓝色的墙壁和绿色植物作为背景，
花朵成为视线的焦点。
借由减少花的颜色，
表现出不会过于突兀的柔美感。

大门旁活用了斜坡，全都铺满了草坪。
草坪的对面就是道路，斜坡好像变成了屏障。

覆盖住倾斜的挡土墙的是薜荔和彩叶草。
植物的色彩让混凝土给人的无机质印象柔和了
许多。

'格拉汉姆·托马斯'的黄色衬托了墙壁的淡蓝色。
这一年的主题是蓝色的六倍利，非常打眼。

2. 限制用杂货的场所

常给人孩子气印象的杂货一类要限制在特定的装饰场所。把墙壁的颜色当作背景，导演出一个有故事的角落。

在院子里剪下的玫瑰随意地插起来。照片中的玫瑰是'阿尔巴玫兰'。

为了不显得单调，把梯凳当作花架，演绎出高低差。杂货和组合盆栽的搭配与庭院的绿色自然地连接在了一起。

Plants list

'格拉汉姆·托马斯'
英国月季。让半藤蔓状的枝条自由地伸展开，达到相当于藤本月季的程度。强香品种，大花。

'芭蕾舞女'
半藤蔓性的灌木，树高 2m 左右。花朵经常是以小朵单瓣，成簇绽放。讨人喜欢的粉色花朵的中心是白色。

加拿大唐棣
蔷薇科。4~5月绽放的一串一串形状的白色花朵十分讨人喜欢。结果期是 6月。染上了鲜红色的果实还可制作果酱。柔软的枝条也很美观。

种植了迷迭香及百里香等香草，让其自然生长。搭配有些高度的微型月季及纸莎草，制造出一些变化。

这个位于客厅前面、车库上方的空间，之前曾经是用自然石布置的日式庭院。主人 A女士把庭院划分成两个部分。在大约2年前，因为车库上方的花盆数量增加到了50个之多，便想到改成地栽，借此也改造一下庭院的形象。女主人把两个庭院的改建都委托给了设计公司。考虑到她白天要上班，没有时间照料花草，同时庭院的日照条件还不错，设计师提出了利用日式庭院的石材来建造岩石花园的方案。

在岩石花园中，崎岖不平的土地和栽植的竖线搭配展示非常重要。为了表现出植物的自然美，经常会使用山地的野草。但是，A女士家庭院配色的却是华丽的园艺月季。一边效法正统派的手法，另一边在栽种上保持了自己的风格。

A女士喜好的花卉为岩石花园本来的野性增添了新鲜的美感，充满了她独特的个性，同时也释放出自然的魅力。

在岩石花园手法的基础上引入自己喜好的花卉，凸显出主人的个性

——A女士

车库上方的庭院。在混凝土的边缘铺上浮石，再填入约40cm厚度的土壤。这样的话可以达到和容器栽培一样的效果。

客厅前面的庭院。把之前日式庭院的石头用作花坛的镶边，和车库很搭。

与自然的栽植十分适合的木制围栏。起到了充当庭院背景和遮挡邻居视线的作用。假门框是视觉焦点所在。

在墙壁上装上木框和钢丝，引诱素馨叶白英攀爬。朴素的鬼针草增添了明亮色彩。

1. 彻底抹掉枯燥印象的可爱草花

虽然岩石花园的粗野之处正是魅力所在，但是堆石给人的印象过于强烈，也容易造成枯燥无味的感觉。这里通过引入喜好的草花，缓和了印象。

纸莎草等植株较高的品种，搭配欧石楠属、马缨丹等应季的草花。增加的植物演绎出个性。

挡土墙上的金钱薄荷及金钱草。抗旱性强的匍匐植物是岩石花园里不可欠缺的。

为了排水而制造出的高低差，布置上自然石块，创造出富于变化的景观。边缘种植了枝叶下垂的植物品种。

2. 配合环境的栽植方案

房子位于高处，不论是庭院的哪处都是日照过度的状态。所以这里挑选了抗旱性强的品种。此外因为主人工作繁忙，不需要花费工夫照料也是挑选品种的条件。

开花品种以墨西哥鼠尾草、蕾丝金露花等在夏季也生机勃勃的品种为主。树下的地被则选择了有着明亮叶色的彩叶草。

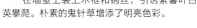

马缨丹

不耐寒的常绿小灌木，枝头从初夏到秋季开放球形花簇。开花性好。植株容易四处扩展，造就出充满动态的景色。

迷迭香

耐旱的迷迭香，有匍匐性和直立性两种。在石块中挺立的是直立型，边缘则是匍匐型。

日照条件良好的前院里选择了草坪。整体以绿色为主，与四周搭配得十分和谐。在尽头的小屋里，还可开办园艺课堂。

充分地活用了
大自然及植物魅力的
天然治愈花园

——K先生

做旧的洒水壶及木箱，古色古香的风格融入院子之中。搭配种植在素陶盆中的香草，装饰了这个角落。

搭建凉台的石头，使用了在仙台市采集到的秋保石。朴实的质感，打造出与植物彼此映衬的地面。

这座庭院的主色调是蓝色，因此将小屋的大门及梯子都粉刷成蓝色。让夏雪葛自然而然地缠绕在梯子上。

藤架使用了栗木，是K先生自己搭建的。用砖块堆砌的台座上，小花矮牵牛的花盆分外美丽。

身为景观规划师的K先生的庭院设计理念是，"打造让人感觉像是在山中漫步一般的自然的空间"。环境如同是融入四周的绿色群山之中，植物也主要选择了山中野生的品种。庭院的树木中引进了日本山樱、胡颓子、四照花等会结果的树以及红叶品种，以此呈现四季的变化。脚下所及之处则种植了充满野趣的东北堇菜。到了春季新芽探出头来时，会将庭院点缀得明媚可人。

进一步烘托出这座庭院悠闲氛围的是构筑物及庭院用品。以石材及木材等天然材料为主的用品，设计简单，让人看到原材料本身的美。巧妙地将这些用品与植物融合在一起，制造出如画一般的风景。

色彩搭配则以蓝色、绿色等平静的色调进行了统一。整个设计大气，又不乏微妙之处。可以说，正是靠着主人K先生专业人士的全局眼光和坚实技能，才造就了这个精彩的空间。

plants list

委陵菜：'威莫特小姐'系列
正中间的红色花心被粉色花瓣包裹住，绽放出可爱的小花。宿根草。能够长到25~50cm。

胡颓子
初夏就会结出鲜红色果实的胡颓子，为庭院增添了色彩。枝上结满了果实的时候，白天会有各种各样的野鸟来拜访。

1.挑选简单的家具

随处放置的家具，是在视觉上为这座庭院带来"舒适感"的重要因素。

天然的质感，毫无违和感地融入植物之中。

涂成柔和灰蓝色的庭院椅子放置在小径旁。活用木构件的简单设计十分时髦。

因为朴实的木纹而显得魅力十足的长椅，在安置的方法上煞费苦心。一侧用植物隐藏起来，营造出更加自然的氛围。

2.能够感觉到年月的石材

大量使用石材，把精心选择的物件当作雕塑一般展示出来。能让人想起岁月沧桑的打磨过的石面，赋予了空间稳重感。

秋保石制成的日晷，若无其事地放置着。身处天然环境中的庭院，和本地出产的石头搭配得完美无缺。

石材随意堆叠起来而建成的取水泵站。以丰富的绿色为背景，搭配古旧的手压泵，成为一个充满情怀的角落。

Rose! Rose! Rose!

海妈教你打造玫瑰花墙
达人谈玫瑰的种植与造型

海妈，成都著名的花园中心——"海蒂的花园"的女主人，有一个幸福的大家庭：爸爸、妈妈、妹妹、老公和两个可爱的小宝贝，全家都热爱花草、花园，并努力为花友提供优质的花苗和园艺用品，也提供造园服务。

海妈本人种植玫瑰有8年之久。她家的'龙沙宝石'种于2009年，可以说成就了中国第一面龙沙花墙。这堵花墙的美景倾倒无数花友，下面我们就来听海妈畅谈她的玫瑰栽培和造型秘诀吧！

看够了各种美美的月季图，
但是这些美丽的花儿到底如何栽种呢？
大多数人的困扰是一样的：
买的时候花开满枝头，
为什么回了家，
开完那儿朵便不再开花，
而是黄叶子、掉叶子、黑杆子呢？
话说，要把玫瑰种好，难！
但要把玫瑰种死，也难！
不管你是新手还是达人，
我们都从基础开始复习一遍吧！

首先，你家里适合种玫瑰吗？

玫瑰喜欢什么样的环境？

光照

* 南向，
无遮挡，全日照　　所有品种适宜！

* 东西向，
稍有遮挡，半日照　部分品种适宜！

* 北向，
或有遮挡，散射光　不适宜！

通风

* 四周开敞，
铁艺栏杆，通风　　非常适宜！

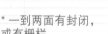
* 一到两面有封闭，
或有栅栏　　　　　可以适应！

* 四周封闭，
玻璃墙，实心墙　　不适宜！

南向的一楼，朝南的墙下

楼顶露台

楼顶无遮挡

楼顶有部分遮挡

楼顶露台（有一半遮挡的）

恭喜你有个适合栽种玫瑰的环境，
那如何种一株漂亮的玫瑰呢？

种植基质的选择

你可以选择专业的基质，大多数基质由泥炭、珍珠岩、蛭石、椰砖、基础肥构成；也可以自己配，简单点可以用泥炭混泥土加基础肥；盆栽只泥土是不行的，极易板结，浇水顺着盆子就流走了，不易浇透；地栽至少要坑改，所谓坑改就是挖一个大洞，洞里填满好的基质，植物种在基质里，就像盖了一层舒服的小被子。

肥的选择

你是不是经常觉得，咦？我的土哪里去啦？为什么土越来越少？根越来越多？那是因为植物的根系吸收了介质里的有机质转化成了花朵了嘛。

玫瑰花是出名的喜欢肥，要保证开出美美的花海，正确的施肥必不可少。

在基质里有足够配比的基础肥（推荐半年期奥绿肥，加了微量元素的那种），生长期（发芽——休眠），每周1次速效肥（花多多或美乐棵或其他，尽可能选水溶性的复合肥），每年1月做一次覆根（用新配比的介质和肥料覆盖一层）。

虫害的控制

玫瑰又香又美，我们爱它，虫子为什么不爱呢？所以发生虫害也很正常哦。常见的虫害有以下几种：

蚜虫，蚜虫是春季常见的一种绿虫虫，小小的虫子密集在一起，专门吸食月季花的汁液。

对策=少则手捏死，多则吡虫啉（喷了半小时见效）。

红蜘蛛是螨虫类的，生长于叶片背面，可以看到很多细小的红点）。

对策=增加空气湿度可以有效抑制红蜘蛛的繁殖，所以浇水的时候喷湿叶片背面和适度用达螨灵一类的药物控制。

糖宝刺蛾幼虫和它的兄弟姐妹们一青虫肉虫，发生在蝴蝶产卵的秋季。

对策=通常捏死，实在太多了就用百事达。

海妈提示：阳台实在要种，请尽量抬高花盆至棚栏的高度以增加光照和通风

海妈提示：也许你会说：这得多大的耐心！哈哈，那就请你复习《小王子》中的名句"你为你的玫瑰花花费的时间，使你的玫瑰花变得那么重要"，就是这样理解！

月季的病害

好吧，植物所有的病基本上玫瑰都会有的，但并不是每位种花者都会与这数十种病相遇，通常在通风良好的情况下，病害是可控的。

最常见的病害有白粉病和黑斑病。

白粉病是在春季暴发的一种病，20℃左右的气温适宜细菌生长。

对策=在白粉病还没有开始的发芽期，也就是每年三月三，就应该开始预防性喷药。

黑斑病，这个病主要是淋雨水过多，雨季常见病。

对策=推荐雨季过了用手掰掉叶片，新的叶片重新长出，亦可喷药防治。

海妈说：我常常想玫瑰真的是一种励志的植物，一生中有2/3的时间在被修剪，百分之百的时间在与病虫对抗。得了白粉病，叶片卷了，就算好了卷曲的叶片也伸展不开了；黑斑病之后，黑点点永远不会变绿了，听起好伤感。但是，植物有植物的坚强之处，它有强大的自我修复能力，当你剪下它的老叶片几天后，新的枝条和叶片便伸展开来！

直立玫瑰的修剪

请注意，即使修剪得不足5cm长，但芽点依然是很多的，这些芽点都会变成拇指粗的主枝，而每枝上将会有若干朵大花，又挺又傲娇！

法国月季'费雷德米斯特'，这是一个直立品种，我把它修剪到这个程度，它发出了这么多新芽。

海妈提示1：很多人的玫瑰总是垂头，总是需要支撑，总是不那么精神，就是因为花头过多，枝条过软，细枝支撑大花多，还好多朵，怎么能行啊？于是就垂头，就是永远打不开的花苞，干枯的花苞），足够的修剪，控制花朵的数量，这个问题得以解决！

海妈提示2：还有一个要点，花谢后一定要剪残花，不停地剪除残花，植物就会不停地开花，它这是在争取生育权嘛！除了冬季的重剪，其他花后的修剪留20cm左右的高度即可。

海妈提示3：冬季修剪之后会有一次重肥，请注意并不是一年施这一次肥就可以开一年了！这只是基础肥，后期生长还需液体速效肥。我用的奥绿基础肥，它是根据温度和植物的生长来释放肥效的。

直立品种盛开的秋花

利用微月做盆景

我们先来看看成都花友夏韵的微月盆景。初冬换盆时是做盆景的最佳季节，选择株形紧凑的品种，花朵集中的，生长慢的，根粗的，例如：'紫红微月''超微''雪月''绿冰''少女的舞裙'等。

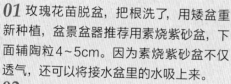

盆景的制作要点

01 玫瑰花苗脱盆，把根洗了，用矮盆重新种植，盆景盆器推荐用素烧紫砂盆，下面辅陶粒4~5cm。因为素烧紫砂盆不仅透气，还可以将接水盆里的水吸上来。

02 种的时候露一些根，铺上青苔，青苔可以来自花园的其他地方。

03 盆景需要全日照，不然会偏冠，长歪了的盆景就不好看，如果想在阳台上种盆景，要记得1周转1次方向。

04 后期由于盆景浇水的困难以及盆小易干的特点，所以盆景可置于接水底盆中，记得一周左右换一次水，以免水分含盐量高和滋生蚊虫。

利用攀缘玫瑰做花墙

在玫瑰所能做出的造型里，花墙可以说是最壮观的了吧？要做花墙，一定要选择攀缘玫瑰。

枝条柔软可以任意造型，芽点多，可以从头到脚浑身开满花；这些都是攀缘玫瑰的特别可爱之处。

攀缘玫瑰的造型关键点

1.保留有限的枝条。
2.横向牵引。
3.冬季剪去顶尖部分，去除顶端优势，给其他芽点发芽的机会。

万物生长靠太阳，横向牵引之后，每个芽点都能接受光的直射，诱导芽点分枝和分化花芽！这是玫瑰造型的总原则。

不要再问我"为什么我的攀缘玫瑰总是1米左右的光枝枝，光刺刺，连叶片也不长几片，为什么我的玫瑰只是最高处有寥寥几朵花？"那是主人不公平，底部没有光，没有光就不会有叶片和枝条，植物都有顶端优势，总是向上生长，去争抢阳光，所以我们要修剪！要牵引控制！

这是我在英国牛津大学植物园里拍的玫瑰花，尽管不是花期，但这张图清楚地显示了玫瑰是如何被牵引的。牵引要在休眠了的冬季进行（掉光叶片，枝条木质化，气温在5℃左右是休眠的标准）。

用攀缘玫瑰做其他造型

说到花墙，就又会有人说我家没有墙，怎么办？
其实，利用攀缘玫瑰不仅可以做成花墙、拱门，还可以做成半球、扇子、柱子、塔……

这是一个蛋形的造型，脑补一下，从头到脚都是花的样子。

在花园里想做一面立体花墙，又不想弄复杂的架子，试试这样吧，当花绽放的时侯就是凭空的一面花墙，两面都会是满满的花哟！这就不必羡慕别人了！

关于攀缘玫瑰的造型绑扎，再说一次，爬藤的主要原则是横着、斜着，不能直立着。这么大一堆枝，我剪下来只余了几枝，上图是剪之前，此图是剪了绑了之后，所有的二级枝条都被我剪得只留2cm了。

修剪之后，就要去除叶子，埋肥，这一切干完了之后，就要喷一次清园的药了，通常用石硫合剂，这个药会帮助那些没有掉的叶子尽快掉，只有叶子掉了才会露出芽点，春季才会长出健壮的新芽！

最后，我想说的是月季的美不仅在于花开的瞬间，在于修剪得整齐规则，在于发芽的一点点红，在于一点一滴的舒展，在于你守着她，照顾她，在于你在她身上付出的时间，让她对你来说如此地不同。

让紧凑的空间显出纵深和宽阔感

利用装饰道具来诱导视线的技巧

装饰用的假门假窗，或是镜子，让人产生空间向前方延续的感觉。利用这种错觉，可以巧妙改变空间的印象。

用旧木头拼接而成的装饰假门和墙壁，给人古旧的乡村风情，搭配几件有味道的杂货和小小草花，瞬间显得充满诗意。

诱发想象的入口

演绎出充满秘密的空间感。

两扇风格各异的门，让空间连续起来，给人深度感

在轻巧明快的白色铁艺花门里，是坚实厚重的房屋大门。通过这两种风格完全不同的设计，为入口小径带来了纵深感。

带有三角屋檐的门框让天蓝色小门更有存在感

在墙面设置了装饰门，又搭设了小屋般的三角屋檐，看起来就像玄关般的造型，让平板的墙面有了立体感。明亮的蓝色更让人一眼就被吸引。

白色的门扉和美丽的藤蔓酝酿出轻快的氛围

在轻巧明快的白色铁艺花门里是坚实厚重的房屋大门。通过这两种风格完全不同的设计，为入口小径带来了纵深感。

用门来遮掩掉道路的一部分，意喻着远处的风景更美好

屋檐下的道路，一部分被手工制作的门扉挡住。加上韵味十足的文字，让人浮想联翩。这种半遮半掩的技巧，正是造就空间美的诀窍。

用同色系的门，来冲淡水泥墙的压抑感

厚重的水泥墙壁上，装置了手工制作的装饰门。用灰色油漆涂刷后，和周围的环境协调一致，凸现出树木青葱的存在感。

\ 在死角等场所 /

小尺寸的门大显身手

小型的百叶门，加上把手，再涂刷成静谧的深蓝色，只需要放在那里就是一道风景。

Mirror
镜子

能够反射光线，在树荫下带来明度的镜子，简直是容易显得阴暗的小花园的好帮手。设置在墙面上，又好像开设了一扇窗户一样。

为了搭配玫瑰的颜色，特意选择了白色的镜框

带有镜子的格子门上，牵引了玫瑰藤蔓，白色的古典式镜框显得优雅动人。

倒映出树干的、设计独特的圆形镜子

做成太阳光线形状的镜子边框，设计独特，悬挂时稍稍倾斜，正好倒映出树干的倒影，看起来趣味十足。

利用设计和搭配制造出窗户般的感觉

在植物繁茂的一角，悬挂的白色镜子倒映出清新的风景，分成四块的独特造型，好像画幅一样迷人。

厚重敦实的红砖墙壁，利用镜面效果来显出通透感

色泽暗淡的砖墙上，添加了绿植和镜面后，变得清新通透。纵长的木框和背景十分协调。

大型的镜子让庭院变得宽阔

整面墙的镜子，倒映出整座花园风景，好像镜子里面还有一座花园。舒适的室内风景设计，让装饰效果更加显著。

＼设计的技巧／

选择有镜框的镜子好像油画一般展示

有装饰性的带框镜子，把周围的景致好像风景画一般倒映出来。选择自己喜爱的一角，把它变成画中的风景。

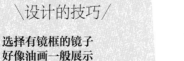

为具有幽闭感的凉亭，
带来美丽的光线

凉亭被屋顶和墙壁环绕，
环境非常幽静，从顶上的镶
花玻璃透进的光线，显得格
外珍贵而美丽。座椅也非常
应景地采用了做旧的设计。

Stained glass
镶花玻璃

阳光照进后会呈现出美丽的图
案，镶花玻璃充满了存在感，在光
秃秃的墙壁上装上一块镶花玻璃，
画面立刻生动起来。

让人感到压抑的墙面
因为有了彩色的镶花玻璃
而重焕亮彩

用镶花玻璃的花样来调节
白色的单调画面

在白色亭椅的较高位置装
上了引导视线的镶花玻璃，看
似简单的一笔，既醒目又不失
和谐。

和杂货合二为一，
形成优美的展示

木甲板上的
墙壁，一面装上
了镶花玻璃。在
前方摆上装饰台，
把喜爱的杂货陈
设起来。

绿色繁茂的一角里
镶花玻璃造就了一处
透明的亮点

铁艺栅栏上爬满了常春
藤，用镶花玻璃做成的小窗带
来明丽的光线。玻璃中间的红
色小花，成为视觉的亮点。

色彩缤纷的玻璃
为低调的墙壁增添了亮彩

暗灰色的墙壁上，装
点着抽象画般的彩色玻璃，
搭配简洁的铁艺挂钩，形
成了如画的风景。

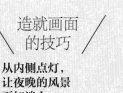

造就画面
的技巧

从内侧点灯，
让夜晚的风景
更加迷人

装饰在花园小屋上的装
饰玻璃，到了天黑会点起灯。
从外面看过去花窗里黄黄的
灯光格外温暖宁静。

Windows&Flame

窗户和窗框

在没有窗户的地点，也可以装上装饰性的假窗或窗框。窗户和门一样，都是激发人想象的物品，也是给花园带来丰富表情的物品。

在墙壁上装饰小窗框，好像窗户一样。

在窗框上装上遮阳板，看起来就像真窗户一样，窗下的架子上则摆放了杂货和盆栽。

 等距离设置了装饰窗，让漫长的墙壁变得丰富而有趣

在长距离的墙面上，等距离地设置了三个一样的窗框，仿佛音符一般富有韵律感，温暖的黄褐色和米黄色的墙壁也相得益彰。

蓝色的小窗户，是吸引视线的焦点

清爽的天蓝色装点了周围的自然色调。窗户下方摆放了几盆可爱的小盆花，益发衬托出窗户的存在感。

与环境和谐的窗框
描绘出精彩的"窗旁"风景

\ 复数使用 /
的技巧

真正的窗户上重叠上另一个窗框，强调出远近感。

在窗格上挂上另一个小窗框，演绎出立体的效果。静谧的绿叶，让白色的窗框更加显眼。

茶褐色的窗框在缤纷绽放的玫瑰花丛中成为壁面的中心

在玫瑰花盛开的角落里，茶褐色的窗框点上充满戏剧性的一笔。窗户下设置了座椅，让人忍不住想在这美景里小憩片刻。

马上就想用到花园里的
装点壁面的杂货们

装点上具有设计性的杂货，让庭院的格调得到提高。在这里我们继续精选一些杂货，大家参考前文的方法来搭配和摆放吧。

洛可可风格的画框式镜子

带有金边的洛可可风格镜框的镜子，看起来高贵而古典，无论是悬挂还是摆放在台面上都非常合适。

手工制作的
可爱小花的镶花玻璃

手工制作的镶花玻璃，图案参考了刺绣花卉。色泽淡雅，适合和周围环境融为一体的设计。

古典风味的铁艺花框

好像古董一般，草花造型的纤细设计，故意使用了磨损和生锈的做旧工艺。风格低调高雅。

不同材质组合而成的
古典花纹铁艺花门

做旧风格的木质门框和铁艺花纹的组合，给庭院带来古雅的风情，用于攀爬藤蔓植物也是极其适合的。

带有推拉门的
木制格子窗

乡村风格的颜色和做旧工艺，可以装置在壁面，演绎出装饰窗的效果，也可以推开半扇窗门，透出里面的风景。

- ❀ 最全面的园艺生活指导，花园生活的百变创意，打造属于你的个性花园
- ❀ 开启与自然的对话，在园艺里寻找自己的宁静天地
- ❀ 滋润心灵的森系阅读，营造清新雅致的自然生活

◉《Garden&Garden》杂志国内唯一授权版

《Garden & Garden》杂志来自于日本东京的园艺杂志，其充满时尚感的图片和实用经典案例，受到园艺师、花友以及热爱生活和自然的人们喜爱。《花园MOOK》在此基础上加入适合国内花友的最新园艺内容，是一套不可多得的园艺指导图书。

Vol.01
花园MOOK·金暖秋冬号

Vol.02
花园MOOK·粉彩早春号

Vol.03
花园MOOK·静好春光号

Vol.04
花园MOOK·绿意凉风号

精确联接园艺读者

精准定位中国园艺爱好者群体：中高端爱好者与普通爱好者；为园艺爱好者介绍最新园艺资讯、园艺技术、专业知识。

倡导园艺生活方式

将园艺作为"生活方式"进行倡导，并与生活紧密结合，培养更多读者对园艺的兴趣，使其成为园艺爱好者。

创新园艺传播方式

将园艺图书/杂志时尚化、生活化、人文化；开拓更多时尚园艺载体：花园MOOK、花园记事本、花草台历等等。

Vol.05
花园MOOK·私房杂货号

Vol.06
花园MOOK·铁线莲号

Vol.07
花园MOOK·玫瑰月季号

订购方法
- ●《花园MOOK》丛书订购电话　TEL／027-87679468
- ● 淘宝店铺地址

http://shop453076817.taobao.com/
http://hbkxjscbs.tmall.com/

加入绿手指俱乐部的方法

欢迎加入绿手指园艺俱乐部，我们将会推出更多优秀园艺图书，让您的生活充满绿意！

入会方式：
1. 请详细填写你的地址、电话、姓名等基本资料以及对绿手指图书的建议，寄至出版社（湖北省武汉市雄楚大街268号出版文化城B座13楼 湖北科学技术出版社 绿手指园艺俱乐部收）
2. 加入绿手指园艺俱乐部QQ群：235453414，参与俱乐部互动。

会员福利：
1. 你的任何问题都将获得最详尽的解答，且不收取任何费用。
2. 可优先得知绿手指园艺丛书的上市日期及相关活动讯息，购买绿手指园艺丛书会有意想不到的优惠。
3. 可优先得到参与绿手指俱乐部举办相关活动的机会。
4. 各种礼品等你来领取。